2024

위험물산업기사 필기 600제

시스컴

2024

위험물산업기사 필기 600제

인쇄일 2024년 1월 5일 2판 1쇄 인쇄
발행일 2024년 1월 10일 2판 1쇄 발행
등 록 제17-269호
판 권 시스컴2024

발행처 시스컴 출판사
발행인 송인식
지은이 황병기

ISBN 979-11-6941-254-4 13570
정 가 15,000원

주소 서울시 금천구 가산디지털1로 225, 514호(가산포휴) | **홈페이지** www.nadoogong.com
E-mail siscombooks@naver.com | **전화** 02)866-9311 | **Fax** 02)866-9312

발간 이후 발견된 정오 사항은 나두공 홈페이지 도서 정오표에서 알려드립니다(나두공 홈페이지 → 자격증 → 도서정오표).

INTRO

위험물은 발화성, 인화성, 가열성, 폭발성 등의 성질을 가지고 있어, 사소한 부주의에도 큰 사고를 불러일으킬 수 있다. 때문에 위험물을 안전하게 저장, 제조, 취급하기 위하여 위험물산업기사 자격제도가 제정되었고, 산업체에서 이러한 자격을 갖춘 전문가의 수요가 늘어나는 추세이다. 우리 책은 위험물산업기사 필기시험에 대비해 다음과 같은 특징을 지니고 있다.

첫째, CBT 기출변형 모의고사
기출선지를 변형하거나 시험에 자주 나오는 위험물과 화학물질로 구성된 기출변형 모의고사를 7회분 수록하였다. 모의고사를 풀어봄으로써 기출 경향을 파악하고 중요한 문제를 눈에 익힐 수 있다. 또한 컴퓨터로 시험을 보는 CBT 형식에 맞추어 CBT 답안 표기란을 배치해 CBT 시험에 익숙해지도록 하였다.
둘째, 과목별 빈출문제
문제은행식 출제유형에 맞추어 반복 출제되었던 빈출문제를 과목별로 60문항씩 그대로 수록하여 시험장에서 쉽게 풀 수 있도록 하였다.
셋째, 부록
시험에 자주 등장했던 화학식이나 위험물의 특징 등을 도표로 정리하여 시험 직전에 빠르게 훑어볼 수 있도록 구성하였다.

이 책을 통해 위험물산업기사 필기시험을 준비하는 모든 수험생들에게 합격의 영광이 함께 하길 바란다.

위험물산업기사란?

수행직무

소방법시행령에 규정된 위험물의 저장, 제조, 취급조에서 위험물을 안전하도록 취급하고 일반 작업자를 지시 · 감독하며, 각 설비 및 시설에 대한 안전점검 실시, 재해발생시 응급조치 실시 등 위험물에 대한 보안, 감독 업무 수행

실시기관명

한국산업인력공단

실시기관 홈페이지

http://www.q-net.or.kr

진로 및 전망

① 위험물(제1류~6류)의 제조, 저장, 취급전문업체에 종사하거나 도료제조, 고무제조, 금속제련, 유기합성물제조, 염료제조, 화장품제조, 인쇄잉크제조업체 및 지정수량 이상의 위험물 취급업체에 종사할 수 있다.

② 산업체에서 사용하는 발화성, 인화성 물품을 위험물이라 하는데 산업의 고도성장에 따라 위험물의 수요와 종류가 많아지고 있어 위험성 역시 대형화되어가고 있다. 이에 따라 위험물을 안전하게 취급 · 관리하는 전문가의 수요는 꾸준할 것으로 전망된다. 또한 위험물관리산업기사의 경우 소방법으로 정한 위험물 제1류~제6류에 속하는 모든 위험물을 관리할 수 있으므로 취업영역이 넓은 편이다.

응시 절차

필기원서 접수

① Q-net을 통한 인터넷 원서접수
② 사진(6개월 이내에 촬영한 3.5cm*4.5cm, 120*160픽셀 사진파일(JPG)) 수수료 전자결제

↓

필기시험

수험표, 신분증, 필기구(흑색 싸인펜등) 지참

↓

합격자 발표

① Q-net을 통한 합격확인(마이페이지 등)
② 응시자격 제한종목은 응시자격 서류제출 기간 이내에 반드시 응시자격 서류를 제출하여야 함

↓

실기원서 접수

① 실기접수기간내 수험원서 인터넷(www.Q-net.or.kr) 제출
② 사진(6개월 이내에 촬영한 3.5cm*4.5cm픽셀 사진파일JPG), 수수료(정액)

↓

실기시험

수험표, 신분증, 필기구 지참

↓

최종합격자 발표

Q-net을 통한 합격확인(마이페이지 등)

↓

자격증 발급

① (인터넷)공인인증 등을 통한 발급, 택배가능
② (방문수령)사진(6개월 이내에 촬영한 3.5cm*4.5cm 사진) 및 신분확인서류

위험물산업기사 시험안내

관련학과

전문대학 및 대학의 화학공업, 화학공학 등 관련학과

시험과목 및 수수료

구분	시험과목	수수료
필기	1과목 : 일반화학 2과목 : 화재예방과 소화방법 3과목 : 위험물의 성질과 취급	19,400원
실기	위험물 취급 실무	20,800원

출제문항수

구분	검정방법	문제수	시험시간
필기	객관식 4지 택일형	60문항 (과목당 20문항)	1시간 30분 (과목당 30분)
실기	필답형	–	2시간

합격기준

필기	실기
100점을 만점으로 ① 과목당 40점 이상 ② 전과목 평균 60점 이상	100점을 만점으로 60점 이상

산업기사 응시자격

다음 각 호의 어느 하나에 해당하는 사람

① 기능사 등급 이상의 자격을 취득한 후 응시하려는 종목이 속하는 동일 및 유사 직무분야에 1년 이상 실무에 종사한 사람

② 응시하려는 종목이 속하는 동일 및 유사 직무분야의 다른 종목의 산업기사 등급 이상의 자격을 취득한 사람

③ 관련학과의 2년제 또는 3년제 전문대학졸업자 등 또는 그 졸업예정자

④ 관련학과의 대학졸업자 등 또는 그 졸업예정자

⑤ 동일 및 유사 직무분야의 산업기사 수준 기술훈련과정 이수자 또는 그 이수예정자

⑥ 응시하려는 종목이 속하는 동일 및 유사 직무분야에서 2년 이상 실무에 종사한 사람

⑦ 고용노동부령으로 정하는 기능경기대회 입상자

⑧ 외국에서 동일한 종목에 해당하는 자격을 취득한 사람

공학용 계산기 기준 허용군

제조사	허용기종군	비고
카시오(CASIO)	FX-901～999	• 국가전문자격(변리사, 감정평가사 등)은 적용 제외 • 허용군 내 기종번호 말미의 영어 표기(ES, MS, EX 등)은 무관
카시오(CASIO)	FX-501～599	
카시오(CASIO)	FX-301～399	
카시오(CASIO)	FX-80～120	
샤프(SHARP)	EL-501～599	
샤프(SHARP)	EL-5100, EL-5230	
유니원(UNIONE)	UC-600E, UC-400M, UC-800X	
캐논(Canon)	F-715SG, F-788SG, F-792SGA	

위험물산업기사 시험안내

출제기준(필기) 2020.1.1 ~ 2024.12.31

필기 과목명	주요항목	세부항목	세세항목
일반 화학 [20문항]	기초 화학	물질의 상태와 화학의 기본법칙	① 물질의 상태와 변화 ② 화학의 기초법칙
		원자의 구조와 원소의 주기율	① 원자의 구조 ② 원소의 주기율표
		산, 염기, 염 및 수소 이온 농도	① 산과 염기 ② 염 ③ 수소이온농도
		용액, 용해도 및 용액의 농도	① 용액 ② 용해도 ③ 용액의 농도
		산화, 환원	① 산화 ② 환원
	유무기 화합물	무기 화합물	① 금속과 그 화합물 ② 비금속 원소와 그 화합물 ③ 무기화합물의 명명법 ④ 방사성원소
		유기 화합물	① 유기화합물의 특성 ② 유기화합물의 명명법 ③ 지방족 화합물 ④ 방향족 화합물

<table>
<tr><th>필기
과목명</th><th>주요항목</th><th>세부항목</th><th>세세항목</th></tr>
<tr><td rowspan="6">화재
예방과
소화
방법
[20문항]</td><td rowspan="2">화재 예방
및
소화 방법</td><td>화재 및 소화</td><td>① 연소이론
② 소화이론
③ 폭발의 종류 및 특성
④ 화재의 분류 및 특성</td></tr>
<tr><td>화재예방 및
소화방법</td><td>① 각종 위험물의 화재 예방
② 각종 위험물의 화재 시 조치 방법</td></tr>
<tr><td rowspan="2">소화약제
및
소화기</td><td>소화약제</td><td>① 소화약제 종류
② 소화약제별 소화 원리 및 효과</td></tr>
<tr><td>소화기</td><td>① 소화기별 종류 및 특성
② 각종 위험물의 화재 시 조치 방법</td></tr>
<tr><td rowspan="2">소방시설의
설치 및
운영</td><td>소화설비의
설치 및 운영</td><td>① 소화설비의 종류 및 특성
② 소화설비 설치 기준
③ 위험물별 소화설비의 적응성
④ 소화설비 사용법</td></tr>
<tr><td>경보 및 피난설비의
설치기준</td><td>① 경보설비 종류 및 특징
② 경보설비 설치 기준
③ 피난설비의 설치기준</td></tr>
</table>

위험물산업기사 시험안내

필기 과목명	주요항목	세부항목	세세항목
위험물의 성질과 취급	위험물의 종류 및 성질	제1류 위험물	① 제1류 위험물의 종류 및 화학적 성질 ② 제1류 위험물의 저장 · 취급
		제2류 위험물	① 제2류 위험물의 종류 및 화학적 성질 ② 제2류 위험물의 저장 · 취급
		제3류 위험물	① 제3류 위험물의 종류 및 화학적 성질 ② 제3류 위험물의 저장 · 취급
		제4류 위험물	① 제4류 위험물의 종류 및 화학적 성질 ② 제4류 위험물의 저장 · 취급
		제5류 위험물	① 제5류 위험물의 종류 및 화학적 성질 ② 제5류 위험물의 저장 · 취급
		제6류 위험물	① 제6류 위험물의 종류 및 화학적 성질 ② 제6류 위험물의 저장 · 취급
	위험물 안전	위험물의 저장 · 취급 · 운반 · 운송방법	① 위험물의 저장기준 ② 위험물의 취급기준 ③ 위험물의 운반기준 ④ 위험물의 운송기준
	기술 기준	제조소등의 위치구조설비기준	① 제조소의 위치구조설비 기준 ② 옥내저장소의 위치구조설비 기준 ③ 옥외탱크저장소의 위치구조설비 기준 ④ 옥내탱크저장소의 위치구조설비 기준 ⑤ 지하탱크저장소의 위치구조설비 기준 ⑥ 간이탱크저장소의 위치구조설비 기준 ⑦ 이동탱크저장소의 위치구조설비 기준 ⑧ 옥외저장소의 위치구조설비 기준 ⑨ 암반탱크저장소의 위치구조설비 기준 ⑩ 주유취급소의 위치구조설비 기준 ⑪ 판매취급소의 위치구조설비 기준 ⑫ 이송취급소의 위치구조설비 기준 ⑬ 일반취급소의 위치구조설비 기준

필기 과목명	주요항목	세부항목	세세항목
위험물의 성질과 취급	기술 기준	제조소등의 소화설비, 경보 · 피난 설비기준	① 제조소등의 소화난이도등급 및 그에 따른 소화설비 ② 위험물의 성질에 따른 소화설비의 적응성 ③ 소요단위 및 능력단위 산정법 ④ 옥내소화전설비의 설치기준 ⑤ 옥외소화전설비의 설치기준 ⑥ 스프링클러설비의 설치기준 ⑦ 물분무소화설비의 설치기준 ⑧ 포소화설비의 설치기준 ⑨ 이산화탄소소화설비의 설치기준 ⑩ 할로겐화합물소화설비의 설치기준 ⑪ 분말소화설비의 설치기준 ⑫ 수동식소화기의 설치기준 ⑬ 경보설비의 설치 기준 ⑭ 피난설비의 설치기준
		기타관련사항	① 기타
	위험물안전 관리법 규제의 구도	제조소등 설치 및 후속절차	① 제조소등 허가 ② 제조소등 완공검사 ③ 탱크안전성능검사 ④ 제조소등 지위승계 ⑤ 제조소등 용도폐지
		행정처분	① 제조소등 사용정지, 허가취소 ② 과징금처분
		정기점검 및 정기검사	① 정기점검 ② 정기검사
		행정감독	① 출입검사 ② 각종 행정명령 ③ 벌칙
		기타관련사항	① 기타

구성 및 특징

기출변형 모의고사
제1회 CBT 기출변형 모의고사
제한 시간 : 90분
전체 문제 수 : 60
1과목
일반화학
01 다음의 평형계에서 압력을 감소시키면 반응에 어떤 영향이 나타나는가?
A₂(g)+2B₂(g) ⇄ 2AB₂(g)
01
02
03
04

기출문제를 분석하여 기출 선지와 기출 위험물, 자주 나오는 계산문제 등으로 구성된 기출변형 모의고사 7회분을 실었습니다.

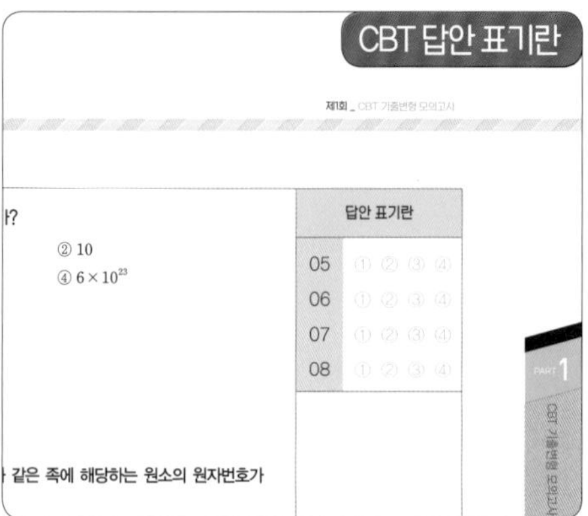

실제 CBT 필기시험과 유사한 형태의 답안 표기란을 삽입하여 컴퓨터 화면상의 문항 구성에 익숙해지도록 하였습니다.

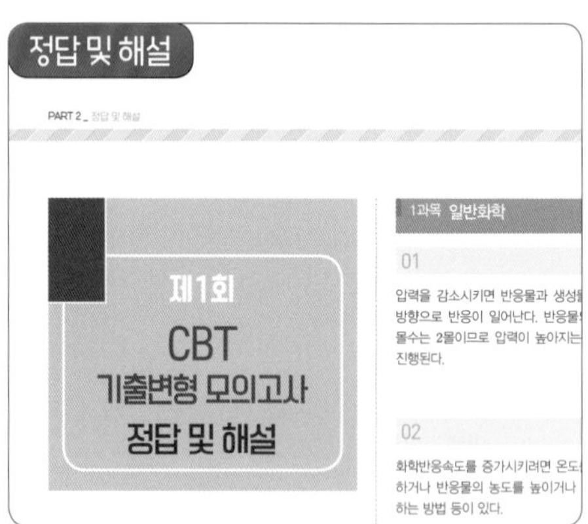

빠른 정답 찾기로 문제를 빠르게 채점할 수 있고, 각 문제의 해설을 상세하게 풀어내어 문제와 관련된 개념을 이해하기 쉽도록 하였습니다.

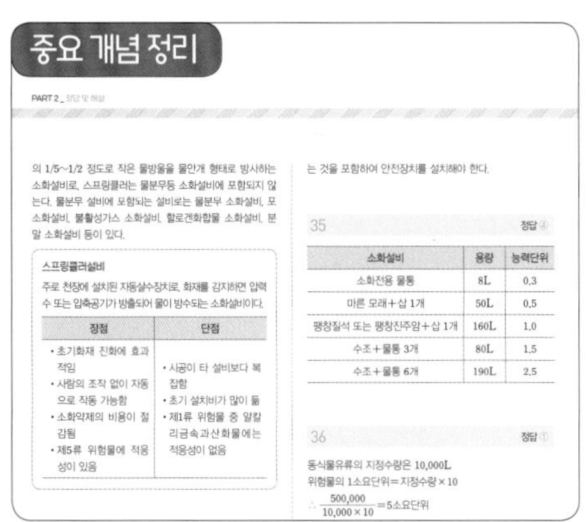

중요 개념 정리

PART 2 _ 정답 및 해설

의 1/5~1/2 정도로 작은 물방울을 물안개 형태로 방사하는 소화설비로, 스프링클러는 물분무등 소화설비에 포함되지 않는다. 물분무 설비에 포함되는 설비로는 물분무 소화설비, 포소화설비, 불활성가스 소화설비, 할로겐화합물 소화설비, 분말 소화설비 등이 있다.

스프링클러설비

주로 천장에 설치된 자동살수장치로, 화재를 감지하면 압력수 또는 압축공기가 방출되어 물이 방수되는 소화설비이다.

장점	단점
• 초기화재 진화에 효과적임 • 사람의 조작 없이 자동으로 작동 가능함 • 소화약제의 비용이 절감됨 • 제5류 위험물에 적응성이 있음	• 시공이 타 설비보다 복잡함 • 초기 설치비가 많이 듦 • 제1류 위험물 중 알칼리금속과산화물에는 적응성이 없음

는 것을 포함하여 안전장치를 설치해야 한다.

35 정답 ④

소화설비	용량	능력단위
소화전용 물통	8L	0.3
마른 모래＋삽 1개	50L	0.5
팽창질석 또는 팽창진주암＋삽 1개	160L	1.0
수조＋물통 3개	80L	1.5
수조＋물통 6개	190L	2.5

36 정답 ①

동식물유류의 지정수량은 10,000L

위험물의 1소요단위＝지정수량×10

$\therefore \frac{500,000}{10,000\times 10}=5$소요단위

정답 해설과 오답 해설 이외에도 문제와 관련된 위험물 관리 기준 또는 핵심 이론을 수록하여 문제를 풀면서 필수 이론을 놓치지 않도록 하였습니다.

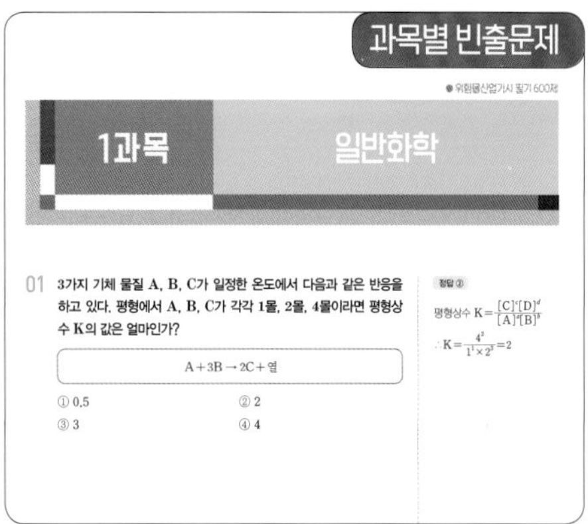

과목별 빈출문제

● 위험물산업기사 필기 600제

1과목 일반화학

01 **3가지 기체 물질 A, B, C가 일정한 온도에서 다음과 같은 반응을 하고 있다. 평형에서 A, B, C가 각각 1몰, 2몰, 4몰이라면 평형상수 K의 값은 얼마인가?**

A＋3B → 2C＋열

① 0.5 ② 2
③ 3 ④ 4

정답 ②

평형상수 $K=\frac{[C]^c[D]^d}{[A]^a[B]^b}$

$\therefore K=\frac{4^2}{1^1\times 2^3}=2$

10개년치 기출문제를 모두 분석하여 2번 이상 똑같이 반복 출제된 빈출문제를 엄선하여 과목별로 60문항씩 수록하였습니다. 총 180제의 과목별 빈출문제를 풀면서 문제은행식 문항에 완벽히 대비할 수 있도록 하였습니다.

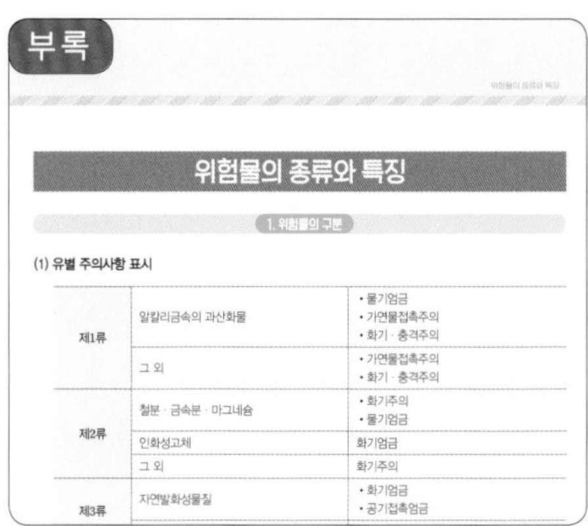

부록

위험물의 종류와 특징

위험물의 종류와 특징

1. 위험물의 구분

(1) 유별 주의사항 표시

제1류	알칼리금속의 과산화물	• 물기엄금 • 가연물접촉주의 • 화기 · 충격주의
	그 외	• 가연물접촉주의 • 화기 · 충격주의
제2류	철분 · 금속분 · 마그네슘	• 화기주의 • 물기엄금
	인화성고체	화기엄금
	그 외	화기주의
제3류	자연발화성물질	• 화기엄금 • 공기접촉엄금

기출문제와 관련된 반드시 알아두면 좋을 필수 개념만을 담아 한눈에 보기 쉽게 도표로 정리하였습니다.

목 차

PART 1 CBT 기출변형 모의고사

PART 2 정답 및 해설

PART 3 과목별 빈출문제

부 록

주기율표

족 / 주기	1	2	3	4	5	6	7	8	9	10	11	12	13	14	15	16	17	18
1	1 H 수소																	2 He 헬륨
2	3 Li 리튬	4 Be 베릴륨											5 B 붕소	6 C 탄소	7 N 질소	8 O 산소	9 F 플루오린	10 Ne 네온
3	11 Na 나트륨	12 Mg 마그네슘											13 Al 알루미늄	14 Si 규소	15 P 인	16 S 황	17 Cl 염소	18 Ar 아르곤
4	19 K 칼륨	20 Ca 칼슘	21 Sc 스칸듐	22 Ti 타이타늄	23 V 바나듐	24 Cr 크로뮴	25 Mn 망가니즈	26 Fe 철	27 Co 코발트	28 Ni 니켈	29 Cu 구리	30 Zn 아연	31 Ga 갈륨	32 Ge 저마늄	33 As 비소	34 Se 셀레늄	35 Br 브로민	36 Kr 크립톤
5	37 Rb 루비듐	38 Sr 스트론튬	39 Y 이트륨	40 Zr 지르코늄	41 Nb 나이오븀	42 Mo 몰리브데넘	43 Tc 테크네튬	44 Ru 루테늄	45 Rh 로듐	46 Pd 팔라듐	47 Ag 은	48 Cd 카드뮴	49 In 인듐	50 Sn 주석	51 Sb 안티모니	52 Te 텔루륨	53 I 아이오딘	54 Xe 제논
6	55 Cs 세슘	56 Ba 바륨	57~71 란타넘족	72 Hf 하프늄	73 Ta 탄탈럼	74 W 텅스텐	75 Re 레늄	76 Os 오스뮴	77 Ir 이리듐	78 Pt 백금	79 Au 금	80 Hg 수은	81 Tl 탈륨	82 Pb 납	83 Bi 비스무트	84 Po 폴로늄	85 At 아스타틴	86 Rn 라돈
7	87 Fr 프랑슘	88 Ra 라듐	89~103 악티늄족	104 Rf 러더포듐	105 Db 두브늄	106 Sg 시보귬	107 Bh 보륨	108 Hs 하슘	109 Mt 마이트너륨	110 Ds 다름슈타튬	111 Rg 뢴트게늄	112 Cn 코페르니슘	113 Nh 니호늄	114 Fl 플레로븀	115 Mc 모스코븀	116 Lv 리버모륨	117 Ts 테네신	118 Og 오가네손

위험물산업기사 필기

Industrial Engineer Hazardous material

INDUSTRIAL
ENGINEER
HAZARDOUS
MATERIAL

PART 1

CBT 기출변형 모의고사

제1회 CBT 기출변형 모의고사

수험번호

수험자명

제한 시간 : 90분　　전체 문제 수 : 60　　맞힌 문제 수 :

1과목 일반화학

01 다음의 평형계에서 압력을 감소시키면 반응에 어떤 영향이 나타나는가?

$$A_2(g)+2B_2(g) \rightleftarrows 2AB_2(g)$$

① 왼쪽으로 진행
② 오른쪽으로 진행
③ 무변화
④ 왼쪽과 오른쪽으로 모두 진행

02 화학반응속도를 증가시키는 방법으로 옳지 않은 것은?

① 온도를 높인다.
② 정촉매를 가한다.
③ 반응물의 농도를 높인다.
④ 일정한 농도에서 부피를 늘린다.

03 방사선 중 감마선에 대한 설명으로 틀린 것은?

① 질량이 없다.
② 전하를 띠지 않는다.
③ 자기장에 의해 휘어지지 않는다.
④ 투과력이 매우 약하다.

04 비활성 기체원자 Ar과 다른 전자 배치를 가지고 있는 것은?

① Ca^{2+}
② K^{+}
③ Cl^{-}
④ O^{2-}

답안 표기란

01	①	②	③	④
02	①	②	③	④
03	①	②	③	④
04	①	②	③	④

05 Al^{3+}의 전자수는 몇 개인가?

① 3
② 10
③ 13
④ 6×10^{23}

06 원자번호 12인 마그네슘과 같은 족에 해당하는 원소의 원자번호가 아닌 것은?

① 4
② 20
③ 28
④ 38

07 주어진 금속원소를 반응성이 작은 순서부터 나열한 것은?

① Li<Na<K<Rb<Cs
② Cs<Rb<K<Na<Li
③ K<Na<Li<Cs<Rb
④ Na<Rb<Li<Cs<K

08 할로겐 원소에 대한 설명 중 틀린 것은?

① I의 최외각 전자는 7개이다.
② 할로겐 원소 중 원자 반지름이 가장 작은 것은 F이다.
③ Br은 상온에서 적갈색 액체로 존재한다.
④ Cl은 수소와 잘 반응하지 않는다.

답안 표기란				
05	①	②	③	④
06	①	②	③	④
07	①	②	③	④
08	①	②	③	④

09 **BF_3와 NH_3에 대한 설명으로 틀린 것은?**

① 비공유 전자쌍은 BF_3에는 있고 NH_3에는 없다.
② BF_3의 결합각은 120°이고 NH_3의 결합각은 약 107°이다.
③ BF_3는 평면 정삼각형이고 NH_3는 삼각 피라미드형 구조이다.
④ BF_3는 무극성 분자이고 NH_3는 극성 분자이다.

10 **pH=10인 용액의 $[OH^-]$는 pH=8인 용액의 몇 배인가?**

① 10^{-3}배 ② 10^{-2}배
③ 10^{2}배 ④ 10^{3}배

11 **다음 화합물의 0.1mol 수용액 중에서 가장 강한 산성을 나타내는 것은?**

① HNO_3 ② CH_3COOH
③ HF ④ C_5H_5OH

12 **다음 중 산성염으로만 나타낸 것은?**

① Ca(OH)Cl, Cu(OH)Cl
② $NaHCO_3$, $Ca(HCO_3)$
③ NaCl, Cu(OH)Cl
④ Ca(OH)Cl, $CaCl_2$

답안 표기란				
09	①	②	③	④
10	①	②	③	④
11	①	②	③	④
12	①	②	③	④

13 HCl 수용액 150mL를 중화하는데 1.5N의 NaOH 80mL가 소요되었다. HCl 용액의 농도(N)는?

① 0.4　　② 0.6
③ 0.8　　④ 1.0

14 다음 중 2차 알코올에 해당되는 것은?

①
```
   OH  H   H
   |   |   |
H — C — C — C — H
   |   |   |
   H   H   H
```
②
```
   H   H   H
   |   |   |
H — C — C — C — OH
   |   |   |
   H   H   H
```
③
```
   H   H   H
   |   |   |
H — C — C — C — H
   |   |   |
   H   OH  H
```
④
```
        CH3
        |
CH3 — C — OH
        |
        CH3
```

15 다음 중 염화철(Ⅲ)($FeCl_3$) 수용액과 반응하여 정색반응을 일으키는 것은?

① COOH, OH

② O, OH, O, O

③ 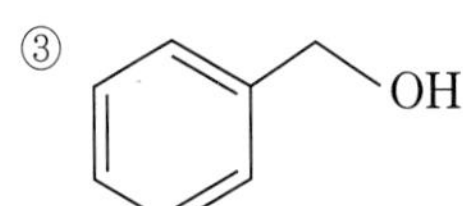

④ 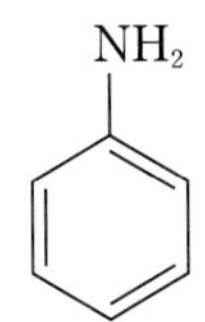

16 에틸렌에 대한 설명으로 틀린 것은?

① 이중결합을 가진 불포화 탄화수소이다.
② 탄소와 수소는 평면 삼각형의 구조를 이루고 있으며 결합각은 120°이다.
③ H_2SO_4를 촉매로 하고 물을 첨가하면 에탄올을 얻을 수 있다.
④ $PdCl_2$ 촉매 하에 산화시키면 주로 CH_3OCH_3가 생성된다.

답안 표기란				
13	①	②	③	④
14	①	②	③	④
15	①	②	③	④
16	①	②	③	④

PART 1 CBT 기출변형 모의고사

17 **패러데이의 법칙에 대한 설명으로 바른 것은?**

① 비휘발성, 비전해질 용질이 녹아 있는 용액의 증기압내림은 용질의 몰분율에 비례한다.
② 주어진 전류량에 의하여 생성된 물질의 무게는 그 물질의 당량에 비례한다.
③ 공기 중 질소와 산소의 부피비는 질소와 산소의 분자수 비와 같음을 설명한다.
④ 평형상태에 있는 계에 변화를 주면 그 변화를 줄이려는 방향으로 반응하여 새로운 평형을 이룬다.

18 **25℃에서 MgF_2 염의 몰용해도는 2.6×10^{-4}mol/L이다. MgF_2 염의 용해도곱 상수(K_{sp})는?**

① 7.03×10^{-11}
② 7.32×10^{-10}
③ 7.54×10^{-9}
④ 7.69×10^{-8}

19 **다음 중 밑줄 친 원소가 환원된 것은?**

① $MnO_2 + 4\underline{HCl} \rightarrow MnCl_2 + H_2O + Cl_2$
② $3\underline{Cu} + 8HNO_3 \rightarrow 3Cu(NO_3)_2 + 2NO + 4H_2O$
③ $H_2S + \underline{I}_2 \rightarrow 2HI + S$
④ $\underline{Zn} + CuSO_4 \rightarrow ZnSO_4 + Cu$

20 **어떤 물질 A 1.85g을 증발시켰더니 표준상태에서 850mL였다. 이 물질의 분자량은? (단, 이상기체로 가정한다.)**

① 25
② 37
③ 49
④ 53

답안 표기란				
17	①	②	③	④
18	①	②	③	④
19	①	②	③	④
20	①	②	③	④

2과목 화재예방과 소화방법

답안 표기란				
21	①	②	③	④
22	①	②	③	④
23	①	②	③	④
24	①	②	③	④

21 다음 중 일반적인 연소의 형태가 나머지 셋과 다른 하나는?

① 코크스 ② 목탄
③ 금속 ④ 석탄

22 가연물의 구비조건으로 틀린 것은?

① 열전도율이 클 것
② 표면적이 클 것
③ 산소와 친화력이 클 것
④ 연소열량이 클 것

23 자연발화의 원인으로 가장 거리가 먼 것은?

① 미생물에 의한 발화
② 산화열에 의한 발화
③ 분해열에 의한 발화
④ 증발열에 의한 발화

24 제1종 분말소화약제가 1차 열분해되어 표준상태를 기준으로 $5m^3$의 이산화탄소가 생성되었다. 몇 kg의 탄산수소나트륨이 사용되었는가? (단, 나트륨의 원자량은 23이다.)

① 15 ② 37.52
③ 56.25 ④ 75

25 **다음 분말소화약제 중 ABC급 화재 모두에 소화효과가 있는 분말의 착색은?**

① 백색 ② 회색
③ 담회색 ④ 담홍색

26 **제3종 분말소화약제에 대한 설명으로 틀린 것은?**

① 주성분은 $NH_4H_2PO_4$이다.
② 주성분이 반응하려면 요소가 필요하다.
③ 일반화재, 유류화재, 전기화재에 모두 사용할 수 있다.
④ 메타인산이 생성된다.

27 **소화효과에 대한 설명으로 틀린 것은?**

① 물에 의한 소화는 냉각효과이다.
② 가스 밸브를 잠그는 것은 제거효과이다.
③ 산소공급원 제거는 질식효과이다.
④ 가연물의 온도를 낮추는 것은 억제효과이다.

28 **할론 1211 소화약제의 주된 소화효과에 해당되는 것은?**

① 피복효과 ② 질식효과
③ 제거효과 ④ 억제효과

답안 표기란	
25	① ② ③ ④
26	① ② ③ ④
27	① ② ③ ④
28	① ② ③ ④

29 이산화탄소의 특성에 대한 내용으로 틀린 것은?

① 무색, 무취의 기체이다.
② 공기보다 가볍다.
③ 냉각 및 압축에 의해 액화될 수 있다.
④ 물에 녹으면 약산성을 띤다.

30 다음 ( )에 들어갈 말을 순서대로 나열한 것은?

> 불활성가스 소화약제 중 ( )은/는 질소 100%, ( )은/는 질소 50%, 아르곤 50%, ( )은/는 질소 52%, 아르곤 40%, 이산화탄소 8%의 성분을 각각 가진다.

① IG−100, IG−55, IG−541
② IG−1, IG−55, IG−145
③ IG−100, IG−541, IG−55
④ IG−10, IG−5, IG−548

31 스프링클러설비에 대한 설명으로 틀린 것은?

① 제5류 위험물에 적응성이 있다.
② 물분무등 소화설비에 포함된다.
③ 살수기준면적에 따라 제4류 위험물에 사용할 수 있는 기준이 있다.
④ 제1류 위험물 중 알칼리금속과산화물에는 적응성이 없다.

32 다음 할로겐화합물 중 Cl을 포함하지 않은 것은?

① Halon 1211 ② Halon 1301
③ Halon 1011 ④ Halon 104

답안 표기란	
29	① ② ③ ④
30	① ② ③ ④
31	① ② ③ ④
32	① ② ③ ④

PART 1 CBT 기출변형 모의고사

답안 표기란	
33	① ② ③ ④
34	① ② ③ ④
35	① ② ③ ④
36	① ② ③ ④

33 다음은 위험물안전관리법령에 따른 할로겐화물소화설비에 관한 기준이다. (　　)에 알맞은 수치는?

> 축압식저장용기등은 온도 21℃에서 하론 1211을 저장하는 것은 (　　)MPa 또는 (　　)MPa이 되도록 질소가스로 축압할 것

① 0.1, 1.0　　② 1.1, 2.5
③ 2.5, 1.0　　④ 2.5, 4.2

34 위험물안전관리법령상 불활성가스 소화설비의 저장용기 설치 장소에 대한 설명으로 틀린 것은?

① 방호구역 외의 장소에 설치할 것
② 저장용기에는 안전장치(용기밸브에 설치되어 있는 것은 제외)를 설치할 것
③ 온도가 섭씨 40도 이하인 장소에 설치할 것
④ 온도변화가 적은 장소에 설치할 것

35 위험물안전관리법령상 수조 190L(소화전용 물통 6개 포함)의 능력단위는?

① 0.5　　② 1.0
③ 2.0　　④ 2.5

36 동식물유류 500,000L에 대한 소화설비의 소요단위는?

① 5단위　　② 10단위
③ 15단위　　④ 20단위

답안 표기란	
37	① ② ③ ④
38	① ② ③ ④
39	① ② ③ ④
40	① ② ③ ④

37 위험물제조소에 옥외소화전 설비를 2개 설치하였다. 수원의 양은 몇 m^3 이상이어야 하는가?

① 13.5 ② 15.6
③ 27 ④ 34

38 위험물의 취급을 주된 작업내용으로 하는 다음의 장소에 스프링클러설비를 설치할 경우 확보하여야 하는 1분당 방사밀도는 몇 L/m^2 이상이어야 하는가? (단, 내화구조의 바닥 및 벽에 의하여 2개의 실로 구획되고, 각 실의 바닥면적은 $350m^2$이다.)

- 취급하는 위험물 : 제4류 제3석유류
- 위험물을 취급하는 장소의 바닥면적 : $700m^2$

① 8.1 ② 11.8
③ 13.9 ④ 15.5

39 다음 위험물의 저장창고에 화재가 발생하였을 때 주수에 의한 냉각소화가 적절하지 않은 것은?

① $NaBrO_3$ ② Na_2O_2
③ S ④ $KClO_3$

40 전기설비에 화재가 발생하였을 경우에 적응성이 없는 소화설비는?

① 물분무 소화설비 ② 이산화탄소 소화기
③ 포 소화설비 ④ 할로겐화합물 소화기

3과목 위험물의 성질과 취급

답안 표기란
41 ① ② ③ ④
42 ① ② ③ ④
43 ① ② ③ ④
44 ① ② ③ ④

41 제4류 위험물의 운반 시 혼재할 수 없는 위험물은? (단, 지정수량의 10배인 경우이다.)

① 제1류 ② 제2류
③ 제3류 ④ 제5류

42 그림과 같은 위험물 탱크에 대한 내용적 계산방법으로 옳은 것은?

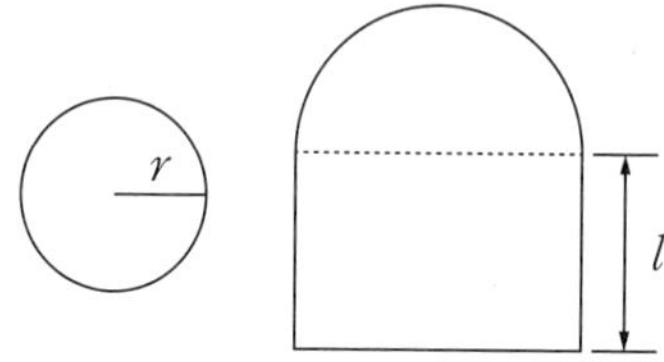

① $\pi r^2 l$ ② $\pi r^3 l$
③ $\frac{\pi r^2}{3}$ ④ $\frac{\pi r^2}{4}$

43 위험물안전관리법령상 위험물의 운반용기 외부에 표시해야 할 사항은?

① 위험물의 지정수량 ② 위험물의 제조번호
③ 위험물의 제조연월일 ④ 위험물의 품명

44 위험물안전관리법령상 지정수량이 나머지 셋과 다른 하나는?

① 메탄올 ② 포름산메틸
③ 톨루엔 ④ 아세톤

45 위험물안전관리법령상 위험물의 지정수량이 틀리게 짝지어진 것은?

① 과염소산염류－50kg　② 적린－300kg
③ 마그네슘－500kg　④ 중크롬산염류－1,000kg

46 위험물 운반용기 외부표시의 주의사항으로 틀린 것은?

① 제1류 위험물 중 알칼리금속의 과산화물 : 화기 · 충격주의, 물기엄금 및 가연물접촉주의
② 제3류 위험물 중 자연발화성물질 : 화기엄금, 공기접촉엄금
③ 제4류 위험물 : 화기엄금
④ 제5류 위험물 : 물기엄금

47 위험물안전관리법령상 지정수량의 10배를 초과하는 위험물을 취급하는 제조소에 확보하여야 하는 보유공지의 너비의 기준은?

① 1m 이상　② 3m 이상
③ 5m 이상　④ 7m 이상

48 적재 시 직사일광으로부터 보호하기 위하여 차광성이 있는 피복으로 가려야 하는 것은?

① 과염소산　② 가솔린
③ 벤젠　④ 철분

답안 표기란				
45	①	②	③	④
46	①	②	③	④
47	①	②	③	④
48	①	②	③	④

49 다음 ( )에 들어갈 말을 순서대로 나열한 것은?

> 일반적으로 자연발화의 위험성이 낮은 장소는 습도가 ( ), 온도가 ( ) 곳이다.

① 낮고, 높은
② 높고, 낮은
③ 낮고, 낮은
④ 높고, 높은

50 위험물의 운반 및 적재 방법에 대한 기준으로 틀린 것은?

① 운반용기의 수납구를 옆 또는 아래로 향하게 해야 한다.
② 적재하는 위험물의 성질에 따라 일광의 직사 또는 빗물의 침투를 방지하기 위하여 유효하게 피복하는 등 규정에서 정하는 기준에 따른 조치를 해야 한다.
③ 덩어리 상태의 유황을 운반하기 위하여 적재하는 경우, 규정에 의한 운반용기에 수납하지 않아도 된다.
④ 제5류 위험물 중 55℃ 이하의 온도에서 분해될 우려가 있는 것은 보냉 컨테이너에 수납하여 적정한 온도관리를 해야 한다.

51 다음 위험물 중 인화점이 가장 낮은 것은?

① $C_6H_5NH_2$
② $C_6H_5CH_3$
③ $C_6H_5NO_2$
④ $C_6H_5CHCH_2$

52 위험물제조소 건축물의 구조 기준으로 틀린 것은?

① 출입구에는 갑종 또는 을종 방화문을 설치할 것
② 채광설비는 불연재료를 사용할 것
③ 환기는 자연배기방식으로 할 것
④ 벽, 기둥, 바닥, 보, 서까래 및 계단은 난연재료로 할 것

답안 표기란				
49	①	②	③	④
50	①	②	③	④
51	①	②	③	④
52	①	②	③	④

53 위험물안전관리법령에 따른 위험물제조소의 안전거리 기준으로 틀린 것은?

① 주택으로부터 10m 이상
② 병원으로부터 20m 이상
③ 영화상영관으로부터 30m 이상
④ 유형문화재로부터 50m 이상

54 탄화칼슘이 물과 반응했을 때 생성되는 기체는?

① 아세틸렌
② 일산화탄소
③ 에틸렌
④ 메탄

55 염소산나트륨에 대한 설명으로 틀린 것은?

① 산화력이 강하다.
② 유리용기를 부식시키므로 철제용기에 저장해야 한다.
③ 강산과 혼합하면 폭발할 수도 있다.
④ 주수소화 가능하다.

56 다음 중 연소범위가 가장 좁은 위험물은?

① 아세트알데히드
② 산화프로필렌
③ 아세톤
④ 디에틸에테르

답안 표기란	
53	① ② ③ ④
54	① ② ③ ④
55	① ② ③ ④
56	① ② ③ ④

답안 표기란	
57	① ② ③ ④
58	① ② ③ ④
59	① ② ③ ④
60	① ② ③ ④

57 황린과 황의 연소생성물을 각각 바르게 나열한 것은?

① P_2O_5, SO_2
② SO_2, P_2O_5
③ PH_3, P_2O_5
④ PH_3, SO_2

58 마그네슘에 대한 설명으로 틀린 것은?

① 마그네슘에 불을 붙여 이산화탄소 기체 속에 넣으면 유독성의 기체가 발생한다.
② 마그네슘을 가열하면 가연성의 가스가 발생한다.
③ 공기 중의 습기와 반응하여 열이 축적되면 자연발화의 위험이 있다.
④ 마그네슘은 물과 반응하여 수소를 발생시킨다.

59 질산에 대한 설명으로 틀린 것은?

① 햇빛이 잘 드는 곳에서 투명한 유리병에 보관한다.
② 분해 시 적갈색의 유독한 가스를 방출한다.
③ 제6류 위험물이며 위험등급은 Ⅰ이다.
④ 위험물안전관리법령상 비중이 1.49 이상인 것만 위험물로 규정한다.

60 다음 중 제2류 위험물로만 바르게 나열한 것은?

① 황린, 적린
② 나트륨, 마그네슘
③ 질산, 질산메틸
④ 유황, 황화린

제2회 CBT 기출변형 모의고사

수험번호
수험자명

제한 시간 : 90분　　전체 문제 수 : 60　　맞힌 문제 수 :

1과목 일반화학

01 다음의 평형계에서 압력을 증가시키면 일어나는 반응의 방향과 같은 방향으로 반응을 이동시키는 조건은?

$$A_2(g)+3B_2(g) \rightleftarrows 2AB_3(g)+\text{열}$$

① 온도 증가　② 온도 감소
③ AB_3 첨가　④ 촉매 첨가

02 두 기체 A, B가 있다. A의 확산 속도는 B의 3배이고, B의 분자량은 36이다. 이때 A의 분자량은?

① 4　② 9
③ 12　④ 18

03 다음 핵화학반응식에서 생성된 물질의 원자번호는 얼마인가?

$$Be+{}^4_2He \rightarrow (\quad)+{}^1_0n$$

① 5　② 6
③ 7　④ 8

04 원자가 전자배열이 ns^2np^3인 것은?

① Ne, Ar　② Li, Na
③ C, Si　④ N, P

답안 표기란

01	①	②	③	④
02	①	②	③	④
03	①	②	③	④
04	①	②	③	④

PART 1 CBT 기출변형 모의고사

05 나트륨 이온(Na^{+}) 한 개에 대한 설명으로 틀린 것은?

① 질량수는 22이다.
② 양성자수는 11이다.
③ 전자수는 10이다.
④ 중성자수는 12이다.

06 다음 중 Ne과 같은 전자수를 갖는 양이온과 음이온으로 이루어진 화합물은?

① NaCl　② MgO
③ KF　④ CaS

07 제2주기에서 양이온이 되기 쉬운 경향성은?

① 금속성이 큰 것
② 양성자수가 많은 것
③ 원자의 반지름이 작은 것
④ 최외각 전자수가 많은 것

08 다음 중 수소와의 반응성이 가장 낮은 것은?

① Br_2　② F_2
③ Cl_2　④ I_2

답안 표기란				
05	①	②	③	④
06	①	②	③	④
07	①	②	③	④
08	①	②	③	④

답안 표기란	
09	① ② ③ ④
10	① ② ③ ④
11	① ② ③ ④
12	① ② ③ ④

09 다음 중 비공유 전자쌍을 가장 많이 가지고 있는 것은?

① HCl ② H_2O
③ NH_3 ④ CH_4

10 pH에 대한 설명으로 옳지 않은 것은?

① pOH값은 산성용액에서 알칼리성용액보다 크다.
② pH가 10인 용액에 메틸오렌지를 넣으면 노란색을 띤다.
③ pH가 4인 용액에 푸른 리트머스 종이를 넣으면 붉게 변한다.
④ 건강한 사람의 혈액의 pH는 5.7이다.

11 pH=8인 NaOH용액 100mL에는 Na^+이온이 몇 개 들어있는가? (단, 아보가드로수는 6.02×10^{23}이다.)

① 6.02×10^6개 ② 6.02×10^7개
③ 6.02×10^{16}개 ④ 6.02×10^{17}개

12 다음의 염을 물에 녹였을 때 염기성을 띠지 않는 것은?

① $MgCl_2$ ② NH_4Cl
③ K_2CO_3 ④ Na_2CO_3

13 다음 중 이성질체로 짝지어진 것은?

① CH_3OH와 CH_4
② C_6H_6와 C_6H_5OH
③ CH_3OCH_3와 CH_3COCH_3
④ C_2H_5OH와 CH_3OCH_3

14 1차 알코올이 산화되어 생기는 것과 2차 알코올이 산화되어 생기는 것이 바르게 나열된 것은?

① 카르복시산, 케톤
② 케톤, 카르복시산
③ 에테르, 에스테르
④ 에스테르, 에테르

15 C−C=C−C−C의 올바른 명명법은?

① 1−펜탄
② 2−펜탄
③ 1−펜텐
④ 2−펜텐

16 다음 중 반응물, 촉매, 생성물이 틀리게 연결된 것은?

① 벤젠+수소, Ni → 시클로헥산
② 톨루엔+염소, $FeCl_3$ → O−클로로톨루엔
③ 벤젠+CH_3Cl, HNO_3→ 톨루엔
④ 벤젠+HNO_3, H_2SO_4 → 니트로벤젠

답안 표기란				
13	①	②	③	④
14	①	②	③	④
15	①	②	③	④
16	①	②	③	④

답안 표기란				
17	①	②	③	④
18	①	②	③	④
19	①	②	③	④
20	①	②	③	④

17 분산된 콜로이드 입자들에 의한 빛의 산란으로, 옆 방향에서 보면 광선의 통로가 밝게 나타나는 것을 무엇이라 하는가?

① 틴들현상　　② 브라운 운동
③ 투석　　④ 전기영동

18 어떤 비전해질 15g을 물 50g에 녹였다. 이 용액이 −1.55℃의 빙점강하를 보였을 때 이 물질의 분자량을 구하면?(단, 물의 몰랄 어는점 내림상수 k_f=1.86℃/m이다.)

① 250g　　② 300g
③ 360g　　④ 415g

19 22g의 프로판이 연소하면 몇 g의 물이 생기는가?

① 9　　② 18
③ 27　　④ 36

20 표준상태를 기준으로 염소와 수소가 완전히 반응하여 염화수소 11.2L가 생성되었다면, 반응한 수소의 부피는 몇 L인가?

① 2.8　　② 5.6
③ 11.2　　④ 22.4

2과목 화재예방과 소화방법

답안 표기란				
21	①	②	③	④
22	①	②	③	④
23	①	②	③	④
24	①	②	③	④

21 다음 중 고체의 일반적인 연소형태에 속하지 않는 것은?

① 증발연소 ② 자기연소
③ 분해연소 ④ 폭발연소

22 가연물에 대한 설명으로 틀린 것은?

① 화학적 활성이 강할수록 가연물이 되기 쉽다.
② 활성화 에너지가 클수록 가연물이 되기 쉽다.
③ 주기율표에서 0족 원소는 가연물이 될 수 없다.
④ 산화반응이 완결된 산화물은 가연물이 아니다.

23 자연발화에 영향을 주는 인자가 아닌 것은?

① 열전도율 ② 수분
③ 기화열 ④ 열의 축적

24 고온체의 색깔과 온도관계에서 다음 중 가장 높은 온도의 색깔은?

① 휘백색 ② 휘적색
③ 백적색 ④ 황적색

25 **종별 분말소화약제에 대한 설명으로 옳은 것은?**

① 제1종은 탄산수소칼슘을 주성분으로 한다.
② 제2종은 탄산수소칼륨을 주성분으로 한다.
③ 제3종은 탄산수소칼륨과 요소와의 반응물을 주성분으로 한다.
④ 제4종은 제일인산암모늄을 주성분으로 한다.

26 **제일인산암모늄이 주성분인 분말소화약제를 사용할 수 없는 화재는?**

① 일반화재　② 금속화재
③ 전기화재　④ 유류화재

27 **화학포 소화약제의 반응 시 생성되는 물질이 아닌 것은?**

① Na_2SO_4　② $Al(OH)_3$
③ CO_2　④ Na_2CO_3

28 **포 소화기와 탄산가스 소화기의 공통적인 주요 소화효과를 옳게 나열한 것은?**

① 제거효과, 냉각효과　② 억제효과, 질식효과
③ 냉각효과, 질식효과　④ 부촉매효과, 제거효과

답안 표기란	
25	① ② ③ ④
26	① ② ③ ④
27	① ② ③ ④
28	① ② ③ ④

답안 표기란	
29	① ② ③ ④
30	① ② ③ ④
31	① ② ③ ④
32	① ② ③ ④

29 **이산화탄소 소화약제에 대한 설명으로 틀린 것은?**

① 농도에 따라 질식을 유발할 수도 있다.
② 심부화재보다 표면화재에 더 효과적이다.
③ 전기 전도성이 있어 전기화재에는 사용할 수 없다.
④ 소화작용은 질식효과와 냉각효과에 의한다.

30 **다음 중 소화약제와 그 주성분의 연결이 틀린 것은?**

① 합성계면활성제포소화약제 – 고급 알코올황산에스테르염
② 강화액 소화약제 – 탄산칼륨
③ 수성막포소화약제 – 불소계 계면활성제
④ 화학포소화약제 – 제1인산암모늄

31 **할로겐화합물 소화약제의 성질로 틀린 것은?**

① 끓는점이 낮을 것
② 전기화재에 적응성이 있을 것
③ 증발잔유물이 없을 것
④ 전도성이 우수할 것

32 **'Halon 1011'에서 각 숫자가 나타내는 것을 옳게 표시한 것은?**

① 첫째자리 숫자 '1' – 염소의 수
② 둘째자리 숫자 '0' – 불소의 수
③ 셋째자리 숫자 '1' – 수소의 수
④ 넷째자리 숫자 '1' – 요오드의 수

33 할로겐화합물소화설비 기준에서 하론 2402를 저장용기에 저장하는 경우 충전비로 옳은 것은?

① 가압식 : 1.5 이상 1.9 이하
② 가압식 : 0.67 이상 2.75 이하
③ 축압식 : 1.1 이상 1.4 이하
④ 축압식 : 0.67 이상 2.75 이하

34 다음 중 소화기의 외부표시 사항으로 가장 거리가 먼 것은?

① 제조업체명
② 능력단위
③ 적응화재표시
④ 유효기간

35 위험물안전관리법령에서 정한 다음의 소화설비 중 능력단위가 가장 작은 것은?

① 수조 80L(소화전용물통 3개 포함)
② 수조 190L(소화전용물통 6개 포함)
③ 팽창진주암 160L(삽 1개 포함)
④ 소화전용 물통 8L

36 경유 100,000L에 대한 소화설비의 소요단위는?

① 10단위
② 20단위
③ 30단위
④ 40단위

답안 표기란				
33	①	②	③	④
34	①	②	③	④
35	①	②	③	④
36	①	②	③	④

37 위험물제조소에 옥외소화전 설비를 6개 설치하였다. 수원의 양은 몇 m^3 이상이어야 하는가?

① 31.2 ② 54
③ 67.5 ④ 81

38 위험물안전관리법령에서 정한 물분무소화설비의 설치기준에서 방호대상물의 표면적이 $120m^2$인 경우 물분무소화설비의 방사구역은 몇 m^2로 해야 하는가?

① 60 ② 90
③ 120 ④ 150

39 다음 중 물과의 접촉이 위험하지 않아 주수소화가 가능한 것은?

① 인화칼슘 ② 과산화리튬
③ 탄화칼슘 ④ 니트로셀룰로오스

40 다음 물질의 화재예방 방법으로 틀린 것은?

① 과산화수소는 완전히 밀전, 밀봉하여 외부 공기를 차단한다.
② 벤조일퍼옥사이드는 비활성의 희석제를 첨가하여 보관하면 폭발성을 낮출 수 있다.
③ 제4류 위험물은 서늘하고 통풍이 양호한 곳에 저장한다.
④ 제6류 위험물은 가연물과의 접촉을 피하고 내산성 용기에 밀봉하여 보관한다.

답안 표기란				
37	①	②	③	④
38	①	②	③	④
39	①	②	③	④
40	①	②	③	④

3과목 위험물의 성질과 취급

답안 표기란	
41	① ② ③ ④
42	① ② ③ ④
43	① ② ③ ④
44	① ② ③ ④

41 위험물안전관리법령에 따라 지정수량 10배 이상의 위험물을 운반할 경우 제2류 위험물과 혼재할 수 있는 것은?

① 제1류, 제4류
② 제3류, 제4류
③ 제4류, 제5류
④ 제5류, 제6류

42 그림과 같은 위험물을 저장하는 탱크의 내용적은 약 몇 m^3인가?

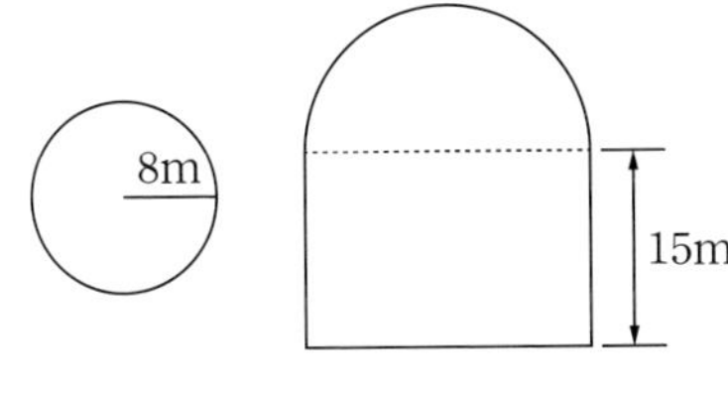

① 2,816
② 3,016
③ 3,254
④ 3,454

43 위험물안전관리법령상 위험물의 운반용기 외부에 표시해야 할 사항이 아닌 것은?

① 위험물의 수량
② 안전관리자의 이름
③ 위험등급
④ 주의사항

44 위험물안전관리법령상 지정수량이 가장 작은 것은?

① 금속분
② 유황
③ 아연분
④ 금속칼륨

45 제1류 위험물 중 알칼리금속의 과산화물의 운반 용기에 반드시 표시하여야 하는 주의사항이 아닌 것은?

① 물기엄금 ② 가연물접촉주의
③ 화기 · 충격주의 ④ 화기엄금

46 위험물제조소에 대한 설명으로 틀린 것은?

① "위험물 제조소"라는 표지는 한 변의 길이가 0.3m 이상, 다른 한 변의 길이가 0.6m 이상인 직사각형으로 한다.
② "위험물 제조소"라는 표지의 바탕은 백색으로, 문자는 흑색으로 한다.
③ 게시판에는 위험물의 유별 및 품명, 저장최대수량 또는 취급최대수량, 지정수량의 배수를 기입하되 안전관리자의 성명을 기재할 필요 없다.
④ 취급하는 위험물의 유별에 따라 주의사항을 표시한 게시판을 설치해야 한다.

47 제조소에서 취급하는 위험물의 최대수량이 지정수량의 5배인 경우 보유공지의 너비는 얼마인가?

① 1m 이상 ② 3m 이상
③ 5m 이상 ④ 7m 이상

48 적재 시 직사일광으로부터 보호하기 위하여 차광성이 있는 피복으로 가려야 하는 것은?

① S ② Mg
③ CH_3OH ④ H_2O_2

답안 표기란				
45	①	②	③	④
46	①	②	③	④
47	①	②	③	④
48	①	②	③	④

49 다음 물질 중 발화점이 가장 낮은 것은?

① 디에틸에테르
② 벤젠
③ 이황화탄소
④ 등유

50 위험물안전관리법령상 제4류 위험물 중 1기압에서 인화점이 70℃ 이상, 200℃ 미만인 물질은 제 몇 석유류에 해당하는가?

① 제1석유류
② 제2석유류
③ 제3석유류
④ 제4석유류

51 위험물안전관리법령에 따른 지하탱크저장소에 대한 기준으로 틀린 것은?

① 지하저장탱크와 탱크전용실의 안쪽과의 사이는 0.1m 이상의 간격을 유지한다.
② 위험물 간이탱크 저장소의 간이저장탱크는 70kPa의 압력으로 10분간 수압시험을 한다.
③ 압력탱크는 최대 상용압력의 2배의 압력으로 10분간 수압시험을 한다.
④ 철근콘크리트 구조의 벽과 바닥은 두께 0.3m 이상으로 한다.

52 위험물제조소 건축물의 구조 기준으로 틀린 것은?

① 지하층은 반드시 1층 이상 만들되, 위험물을 취급하지 아니하는 지하층은 없도록 해야 한다.
② 조명설비의 전선은 내화 · 내열전선으로 하고, 점멸스위치는 출입구 바깥부분에 설치한다.
③ 출입구에 유리를 이용하는 경우에는 망입유리로 하여야 한다.
④ 지붕은 폭발력이 위로 방출될 정도의 가벼운 불연재료로 덮어야 한다.

답안 표기란	
49	① ② ③ ④
50	① ② ③ ④
51	① ② ③ ④
52	① ② ③ ④

53 **위험물안전관리법령상 위험물제조소와의 안전거리 기준이 30m 이상이어야 하는 것은?**

① 학교
② 35,000V 초과 특고압가공전선
③ 고압가스 취급시설
④ 주택

54 **인화칼슘이 물과 반응했을 때 생성되는 기체는?**

① 포스겐　② 포스핀
③ 수소　④ 아세틸렌

55 **황화린에 대한 설명으로 틀린 것은?**

① 삼황화린은 조해성이 없으나, 오황화린과 칠황화린은 모두 조해성이 있다.
② 오황화린, 칠황화린은 모두 물과 작용하여 황화수소를 생성한다.
③ 삼황화린, 오황화린, 칠황화린은 모두 공기중에서 연소하여 오산화인을 생성한다.
④ 물질에 따른 지정수량은 각각 삼황화린 50kg, 오황화린 100kg, 칠황화린 300kg이다.

56 **다음 물질 중 증기비중이 가장 큰 것은?**

① 벤젠　② 메탄올
③ 에틸메틸케톤　④ 톨루엔

답안 표기란				
53	①	②	③	④
54	①	②	③	④
55	①	②	③	④
56	①	②	③	④

57 다음 중 적린의 연소 생성물은?

① 인화수소
② 삼황화린
③ 오황화린
④ 오산화인

58 다음 물질을 열분해하였을 때 공통적으로 발생하는 기체는?

질산암모늄, 염소산칼륨, 아염소산나트륨, 염소산나트륨

① 산소
② 수소
③ 염소
④ 질소

59 금속나트륨과 금속칼륨의 공통점이 아닌 것은?

① 물보다 비중이 작다.
② 알코올 속에 저장한다.
③ 물과 반응하여 수소를 방출한다.
④ 은백색의 무른 금속으로, 칼로 자를 수 있다.

60 제2류 위험물과 제5류 위험물의 공통점으로 옳은 것은?

① 가연성 물질이다.
② 액체 물질이다.
③ 산소를 함유하고 있다.
④ 강한 산화제이다.

답안 표기란	
57	① ② ③ ④
58	① ② ③ ④
59	① ② ③ ④
60	① ② ③ ④

제3회 CBT 기출변형 모의고사

수험번호
수험자명

제한 시간 : 90분 전체 문제 수 : 60 맞힌 문제 수 :

1과목 일반화학

01 다음의 반응식에서 평형을 오른쪽으로 이동시키기 위한 조건은?

$$A_2(g) + B_2(g) \rightarrow 2AB(g) - 43.2kcal$$

① 압력을 높인다. ② 온도를 높인다.
③ 압력을 낮춘다. ④ 온도를 낮춘다.

02 반응이 정반응으로 진행되는 것은?

① $F_2 + 2Br^- \rightarrow 2F^- + Br_2$
② $I_2 + 2Cl^- \rightarrow 2I^- + Cl_2$
③ $Br_2 + 2F^- \rightarrow 2Br^- + F_2$
④ $Cl_2 + 2F^- \rightarrow 2Cl^- + F_2$

03 방사성 동위원소의 반감기가 30일일 때 60일이 지난 후 남은 원소의 분율은?

① $\frac{1}{2}$ ② $\frac{1}{3}$
③ $\frac{1}{4}$ ④ $\frac{1}{6}$

04 P원소의 전자 배치로 옳은 것은?

① $1s^2 2s^2 2p^6 3s^2 3p^3$
② $1s^2 2s^2 2p^6 3s^1 3p^4$
③ $1s^2 2s^2 2p^5 3s^1 3p^3$
④ $1s^2 2s^2 2p^6 3s^2 3p^2$

답안 표기란

01	①	②	③	④
02	①	②	③	④
03	①	②	③	④
04	①	②	③	④

05 **12개의 양성자와 12개의 중성자를 가지고 있는 것은?**

① Cr ② Mg
③ Ne ④ C

06 **질량수 48인 타이타늄의 중성자수와 전자수는 각각 몇 개인가? (단, 타이타늄의 원자번호는 22이다.)**

① 중성자수 22, 전자수 22
② 중성자수 22, 전자수 48
③ 중성자수 26, 전자수 22
④ 중성자수 48, 전자수 22

07 **다음 중 이온상태에서의 반지름이 가장 큰 것은?**

① S^{2-} ② Cl^{-}
③ K^{+} ④ Ca^{2+}

08 **d 오비탈에 대한 설명으로 옳은 것은?**

① 원자핵에서 가장 가까운 오비탈이다.
② L껍질에서부터 존재한다.
③ 1d, 2d 오비탈은 존재하지 않는다.
④ 오비탈의 수는 3개, 들어갈 수 있는 최대 전자수는 6개이다.

답안 표기란				
05	①	②	③	④
06	①	②	③	④
07	①	②	③	④
08	①	②	③	④

답안 표기란				
09	①	②	③	④
10	①	②	③	④
11	①	②	③	④
12	①	②	③	④

09 다음 중 비공유 전자쌍을 가장 많이 가지고 있는 것은?

① Cl_2
② SO_2
③ N_2
④ CO_2

10 염기의 성질을 설명한 것 중 틀린 것은?

① 루이스 정의에 의하면 비공유 전자쌍을 주는 물질이다.
② pH 값이 클수록 강염기이다.
③ 금속과 반응하여 수소를 발생하는 것이 많다.
④ 붉은색 리트머스 종이를 푸르게 변화시킨다.

11 10mL의 0.1M NaOH을 30mL의 0.1M HCl에 혼합하였을 때 이 혼합용액의 pH는?

① 1.3
② 1.5
③ 2.3
④ 2.5

12 다음 중 중성염은?

① NaCl
② CH_3COONa
③ Na_2CO_3
④ $(NH_4)_2SO_4$

답안 표기란				
13	①	②	③	④
14	①	②	③	④
15	①	②	③	④
16	①	②	③	④

13 같은 분자식을 가지면서 각각을 서로 겹치게 할 수 없는 거울상의 구조를 갖는 분자를 무엇이라 하는가?

① 부분입체이성질체 ② 광학이성질체
③ 기하이성질체 ④ 구조이성질체

14 방향족 화합물로만 나열한 것은?

① 에틸렌, 나프탈렌 ② 아닐린, 안트라센
③ 아세톤, 크레졸 ④ 포름산, 벤조산

15 다음 화학식의 올바른 IUPAC 명명법은?

$$\begin{array}{c} \quad CH_3 \\ \quad | \\ CH_3 - CH - CH_3 - CH_2 - CH_3 \\ \qquad\qquad | \\ \qquad\qquad CH_2CH_3 \end{array}$$

① 2－에틸－3－메틸－펜탄 ② 3－에틸－2－메틸－펜탄
③ 2－메틸－펜탄 ④ 3－에틸－펜탄

16 다음 중 결합종류가 다른 하나는?

① SiO_2 ② HCl
③ NaCl ④ CCl_4

17 $CuSO_4$ 용액에 10A의 전류를 30분 동안 흐르게 하면 석출되는 Cu의 양은 몇 g인가? (단, Cu의 원자량은 64이다.)

① 3.17 ② 4.83
③ 5.97 ④ 6.53

18 원자량이 120인 금속 M 15g을 연소시키니 17.4g의 산화물이 얻어졌다. 이 산화물의 화학식은?

① MO_2 ② M_2O_3
③ M_3O_4 ④ M_5O_6

19 C_3H_8 2몰을 완전 연소시키기 위해 필요한 공기의 부피는 얼마인가? (단, 표준상태에서 공기 중의 산소량은 20%이라 가정한다.)

① 112L ② 224L
③ 560L ④ 1,120L

20 표준상태에서 44.8L의 이산화탄소에 들어 있는 탄소는 몇 g인가?

① 6g ② 12g
③ 18g ④ 24g

답안 표기란				
17	①	②	③	④
18	①	②	③	④
19	①	②	③	④
20	①	②	③	④

2과목 화재예방과 소화방법

답안 표기란				
21	①	②	③	④
22	①	②	③	④
23	①	②	③	④
24	①	②	③	④

21 주된 연소형태가 증발연소가 아닌 것은?

① 나프탈렌　　② 왁스
③ 금속분　　④ 파라핀

22 다음 중 높을수록 화재위험의 위험성이 커지는 조건은?

① 착화점　　② 착화에너지
③ 연소열　　④ 인화점

23 점화원 역할을 할 수 없는 것은?

① 증발잠열　　② 전기스파크
③ 분해열　　④ 마찰열

24 소화기의 황색은 어느 화재 분류를 나타내는가?

① 유류화재　　② 금속화재
③ 전기화재　　④ 일반화재

25 **분말소화기의 각 종별 소화약제 주성분이 틀리게 연결된 것은?**

① 제1종 소화분말 $-$ $NaHCO_3$
② 제2종 소화분말 $-$ $KHCO_3$
③ 제3종 소화분말 $-$ $(NH_4)_3PO_4$
④ 제4종 소화분말 $-$ $2KHCO_3+(NH_2)_2CO$

26 **제1종 분말소화약제의 주성분은?**

① 탄산수소칼륨　② 탄산수소나트륨
③ 제일인산암모늄　④ 황산알루미늄

27 **다음 중 포소화약제의 종류가 아닌 것은?**

① 합성계면활성제포소화약제　② 단백포소화약제
③ 내알코올포소화약제　④ 사염화탄소소화약제

28 **분말 소화약제와 물 소화약제의 공통적인 주요 소화효과는?**

① 질식소화　② 제거소화
③ 억제소화　④ 유화소화

답안 표기란				
25	①	②	③	④
26	①	②	③	④
27	①	②	③	④
28	①	②	③	④

답안 표기란	
29	① ② ③ ④
30	① ② ③ ④
31	① ② ③ ④
32	① ② ③ ④

29 이산화탄소 소화기에 대한 설명으로 틀린 것은?

① 장시간 저장하여도 동결, 부패, 변질 우려가 적다.
② 줄-톰슨 효과에 의해 드라이아이스를 생성한다.
③ C급 화재에 사용되기도 한다.
④ 소화약제 자체에 유독성이 있으므로 질식의 위험이 있다.

30 전기불꽃 에너지 공식을 옳게 나타낸 것은?

① $E=\frac{1}{2}CV=\frac{1}{2}QV^2$　② $E=\frac{1}{2}CV=\frac{1}{2}Q^2V$
③ $E=\frac{1}{2}QV=\frac{1}{2}CV^2$　④ $E=\frac{1}{2}QV=\frac{1}{2}C^2V$

31 할로겐화합물인 CH_3Br에 해당하는 하론번호는?

① 1031　② 1301
③ 1001　④ 10001

32 상온, 상압에서 동일한 상태로 존재하는 것끼리 나열한 것은?

① Halon 1301, Halon 2402
② Halon 1211, Halon 104
③ Halon 1211, Halon 2402
④ Halon 1301, Halon 1211

33 **위험물안전관리법령상 전역방출방식의 분말소화설비에서 분사헤드의 방사압력 몇 MPa 이상이어야 하며 몇 초 이내에 균일하게 방사해야 하는가?**

① 0.1MPa, 30초
② 0.5MPa, 60초
③ 0.1MPa, 60초
④ 0.5MPa, 30초

답안 표기란				
33	①	②	③	④
34	①	②	③	④
35	①	②	③	④
36	①	②	③	④

34 **위험물안전관리법령상 옥내소화전설비의 기준으로 옳은 것은?**

① 소화전함은 화재발생 시 화재 등에 의한 피해의 우려가 많은 장소에 설치하여야 한다.
② 가압송수장치의 시동을 알리는 표시등은 적색으로 한다.
③ 축전지설비는 설치된 벽으로부터 0.2m 이상 이격할 것
④ 표시등 불빛은 부착면과 10도 이상의 각도가 되는 방향으로 8m 이내에서 쉽게 식별할 수 있어야 한다.

35 **알코올류가 소화설비 기준 적용상 1소요단위가 되기 위한 용량은?**

① 200L
② 400L
③ 2,000L
④ 4,000L

36 **위험물제조소에 옥내소화전 설비를 4개 설치하였다. 수원의 양은 몇 m^3 이상이어야 하는가?**

① $7.8m^3$
② $9.9m^3$
③ $23.4m^3$
④ $31.2m^3$

37 **위험물안전관리법령상 소화설비에 대한 기준으로 틀린 것은?**

① 제조소등에 전기설비(전기배선, 조명기구 등은 제외)가 설치된 경우에는 당해 장소의 면적 100m^2마다 소형수동식 소화기를 1개 이상 설치해야 한다.

② 이동식 불활성가스 소화설비의 호스접속구는 당해 방호 대상물의 각 부분으로부터 하나의 호스접속구까지 수평거리 15m 이하가 되도록 한다.

③ 위험물제조소등에 설치하는 옥외소화전함은 옥외소화전으로부터 보행거리 10m 이하의 장소에 설치한다.

④ 경보설비는 지정수량의 10배 이상의 위험물을 저장 또는 취급하는 제조소등에 설치해야 한다.

38 **위험물안전관리법령상 자동화재탐지설비를 반드시 설치하여야 할 대상에 해당되지 않는 것은?**

① 지정수량 200배의 고인화점 위험물만을 저장 또는 취급하는 옥내저장소

② 지정수량 200배의 제1류 위험물을 저장하는 옥내저장소

③ 특수인화물을 저장 또는 취급하는 탱크의 용량이 1,000만L 이상인 옥외탱크저장소

④ 옥내주유취급소

39 **다음 위험물에 의한 화재 시 주수소화가 부적합한 이유로 틀린 것은?**

① 인화알루미늄－포스핀 기체가 발생함

② 과산화칼륨－산소가 발생함

③ 수소화나트륨－수소가 발생함

④ 금속분－이산화탄소가 발생함

40 **제2류 위험물의 일반적인 특징으로 옳은 것은?**

① 비교적 낮은 온도에서 연소하기 쉽고 연소 속도가 빠르다.

② 산소를 함유하고 있다.

③ 대부분 물보다 가볍고 물에 잘 녹는다.

④ 화재 시 자신은 환원되고 다른 물질을 산화시킨다.

답안 표기란				
37	①	②	③	④
38	①	②	③	④
39	①	②	③	④
40	①	②	③	④

3과목 위험물의 성질과 취급

답안 표기란				
41	①	②	③	④
42	①	②	③	④
43	①	②	③	④
44	①	②	③	④

41 위험물안전관리법령에 따라 지정수량 10배의 위험물을 운반할 때 서로 혼재할 수 있는 위험물은?

① 제1류 위험물과 제2류 위험물
② 제2류 위험물과 제3류 위험물
③ 제3류 위험물과 제5류 위험물
④ 제4류 위험물과 제5류 위험물

42 그림과 같은 위험물을 저장하는 탱크의 내용적은 약 몇 m^3인가?

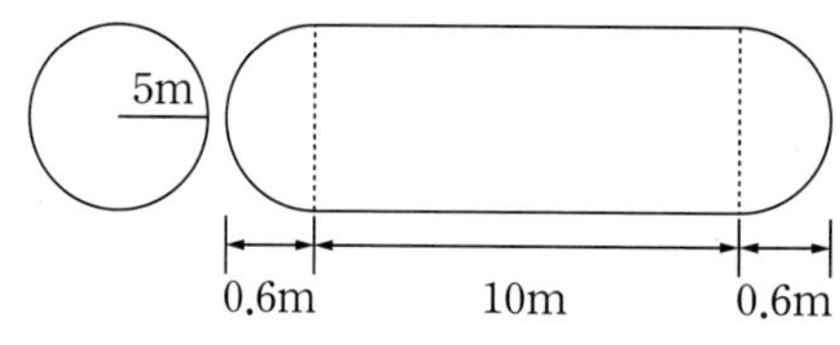

① 617　　② 717
③ 817　　④ 917

43 클로로벤젠 3,000L, 벤젠 2,000L, 휘발유 1,000L를 저장하고 있는 경우 각각 지정수량 배수의 총합은?

① 12　　② 14
③ 16　　④ 18

44 위험물안전관리법령상 지정수량이 가장 큰 것은?

① 산화프로필렌　　② 등유
③ 벤즈알데히드　　④ 제4석유류

45 **제1류 위험물 중 알칼리금속의 과산화물의 운반 용기에 반드시 표시하여야 하는 주의사항은?**

① 물기주의　② 물기엄금
③ 공기접촉엄금　④ 화기엄금

46 **위험물의 운반용기 외부에 수납하는 위험물의 종류에 따라 표시하는 주의사항을 틀리게 연결한 것은?**

① 철분－화기주의 및 물기엄금
② 아세틸퍼옥사이드－화기엄금 및 충격주의
③ 과염소산－화기엄금 및 공기접촉엄금
④ 과산화칼륨－화기 · 충격주의, 물기엄금 및 가연물접촉주의

47 **최대 아세톤 300톤을 옥외탱크저장소에 저장할 경우 보유공지의 너비는 몇 m 이상으로 하여야 하는가? (단, 아세톤의 비중은 0.79이다.)**

① 3　② 5
③ 9　④ 12

48 **적재 시 일광의 직사를 피하기 위해 차광성이 있는 피복으로 가리는 조치를 하여야 하는 것은?**

① 제4류 위험물 중 특수인화물　② 제4류 위험물 중 제1석유류
③ 제4류 위화물 중 알코올류　④ 제4류 위험물 중 동식물유류

답안 표기란				
45	①	②	③	④
46	①	②	③	④
47	①	②	③	④
48	①	②	③	④

49 **다음 물질 중 발화점이 가장 높은 것은?**

① 벤젠 ② 경유
③ 황린 ④ 등유

50 **다음 ( )에 들어갈 말을 순서대로 바르게 나열한 것은?**

> 제4류 위험물 중 제1석유류는 1기압에서 인화점이 ( )℃ 미만이며, 대표적인 물질로는 ( ) 등이 있다.

① 21, 휘발유 ② 21, 경유
③ 70, 벤젠 ④ 70, 등유

51 **위험물안전관리법령에 따른 지하탱크저장소에 대한 기준으로 틀린 것은?**

① 위험물 지하탱크 저장소의 탱크전용실에는 벽, 바닥 등에 적정한 방수 조치를 강구한다.
② 압력탱크 외의 것은 50kPa의 압력으로 10분간 수압시험을 한다.
③ 탱크의 강철판 두께는 3.2mm 이상으로 한다.
④ 탱크 전용실의 철근콘크리트 구조의 바닥은 두께 0.3m 이상으로 한다.

52 **옥내저장소의 위험물 저장에 대한 기준으로 틀린 것은?**

① 기계에 의하여 하역하는 구조로 된 용기만을 겹쳐 쌓는 경우에 있어서는 6m를 초과하지 않는다.
② 제4류 위험물 중 제3석유류, 제4석유류 및 동식물유류를 수납하는 용기만을 겹쳐 쌓는 경우에 있어서는 4m를 초과하지 않는다.
③ 옥내저장소에서는 용기에 수납하여 저장하는 위험물의 온도가 55℃를 넘지 아니하도록 필요한 조치를 강구하여야 한다.
④ 위험물 옥내저장소의 피뢰설비는 지정수량의 최소 5배 이상인 저장창고에 설치해야 한다.

답안 표기란				
49	①	②	③	④
50	①	②	③	④
51	①	②	③	④
52	①	②	③	④

53 위험물안전관리법령상 위험물제조소와의 안전거리 기준이 5m 이상이어야 하는 것은?

① 7,000V 초과 15,000V 이하 특고압가공전선
② 15,000V 초과 30,000V 이하 특고압가공전선
③ 30,000V 초과 35,000V 이하 특고압가공전선
④ 35,000V 초과 특고압가공전선

54 다음 중 물과 반응하여 산소를 발생시키는 것은?

① 과산화나트륨 ② 탄화칼슘
③ 금속나트륨 ④ 인화칼슘

55 외부의 산소공급이 없어도 연소하는 물질이 아닌 것은?

① 아조화합물 ② 알루미늄의 탄화물
③ 유기과산화물 ④ 히드라진 유도체

56 위험물의 저장에 대한 설명으로 옳은 것은?

① 오황화린 : 물속에 저장한다.
② 염소산나트륨 : 철제용기에 저장한다.
③ 이황화탄소 : 수조 속의 위험물탱크에 저장한다.
④ 아세트알데히드 : 구리나 합금 용기에 저장한다.

답안 표기란				
53	①	②	③	④
54	①	②	③	④
55	①	②	③	④
56	①	②	③	④

57 **연소생성물로 이산화황이 생성되는 것만 바르게 나열한 것은?**

① 황, 적린
② 황린, 적린
③ 황, 삼황화린
④ 황린, 삼황화린

58 **위험물에 대한 설명 중 틀린 것은?**

① 가솔린은 전기에 대하여 도체이다.
② 알루미늄은 진한 질산에서는 부동태가 되고 묽은 질산에는 잘 녹는다.
③ 과산화벤조일은 산소를 포함하는 산화성 물질이다.
④ 메탄올은 산화하면 포름알데히드를 거쳐 최종적으로 포름산이 된다.

59 **동식물유류에 대한 설명으로 틀린 것은?**

① 요오드가가 클수록 자연발화의 위험이 크다.
② 제4류 위험물에 속한다.
③ 요오드가가 130 이상인 것은 건성유이다.
④ 동식물유류의 지정수량은 20,000L이다.

60 **제5류 위험물의 품명과 해당하는 위험물의 종류로 바르지 않는 것은?**

① 유기과산화물－과산화벤조일, 메틸에틸케톤퍼옥사이드
② 질산에스테르류－니트로셀룰로오스, 니트로벤젠
③ 니트로화합물－TNT, 피크린산
④ 아조화합물－아조벤젠, 히드록시아조벤젠

답안 표기란	
57	① ② ③ ④
58	① ② ③ ④
59	① ② ③ ④
60	① ② ③ ④

제4회 CBT 기출변형 모의고사

수험번호

수험자명

제한 시간 : 90분　　전체 문제 수 : 60　　맞힌 문제 수 :

1과목 일반화학

01 다음 중 평형상태가 압력의 영향을 받지 않는 것은?

① $N_2+3H_2 \rightleftarrows 2NH_3$　② $NH_3+HCl \rightleftarrows NH_4Cl$
③ $N_2+O_2 \rightleftarrows 2NO$　④ $2NO_2 \rightleftarrows N_2O_4$

02 반응이 오른쪽으로 진행되는 것은?

① $Mg^{3+}+Zn \rightarrow Zn^{2+}+Mg$
② $3Cu^{2+}+2Fe \rightarrow 3Cu+2Fe^{3+}$
③ $Na^{+}+Pb \rightarrow Pb^{2+}+Na$
④ $K^{+}+Ca \rightarrow Ca^{2+}+K$

03 반감기가 5일인 미지 시료가 4g 있을 때 15일이 경과하면 남은 양은 몇 g인가?

① 2g　② 1g
③ 0.5g　④ 0.25g

04 K^{+} 이온의 전자 배치로 옳은 것은?

① $1s^2 2s^2 2p^6 3s^2 3p^6 3d^1$
② $1s^2 2s^2 2p^6 3s^2 3p^6 4s^1$
③ $1s^2 2s^2 2p^6 3s^2 3p^6 4s^2$
④ $1s^2 2s^2 2p^6 3s^2 3p^6$

답안 표기란

01	①	②	③	④
02	①	②	③	④
03	①	②	③	④
04	①	②	③	④

05 최외각 전자의 수가 8개인 것은?

① Ne과 Ar
② Be과 Ca
③ F과 Cl
④ Li과 Na

06 원자번호가 15이고 원자량이 31인 P 원자의 양성자와 중성자수는 각각 몇 개인가?

① 양성자수 16, 중성자수 15
② 양성자수 15, 중성자수 16
③ 양성자수 15, 중성자수 15
④ 양성자수 16, 중성자수 16

07 이온화에너지에 대한 설명으로 틀린 것은?

① 일반적으로 같은 족에서 아래로 갈수록 감소한다.
② 일반적으로 주기율표에서 오른쪽으로 갈수록 증가한다.
③ 바닥상태에 있는 원자로부터 전자를 제거하는데 필요한 에너지이다.
④ 이온화에너지가 클수록 양이온이 되기 쉽다.

08 sp^3 혼성오비탈을 가지고 있는 것은?

① CCl_4
② BCl_3
③ C_2H_4
④ SF_6

답안 표기란				
05	①	②	③	④
06	①	②	③	④
07	①	②	③	④
08	①	②	③	④

09 분자구조에 대한 설명으로 틀린 것은?

① BF_3는 평면 정삼각형이다.
② NH_3는 삼각 피라미드형이다.
③ $BeCl_2$는 선형이다.
④ CO_2는 굽은형(V형)이다.

10 산의 일반적 성질을 옳게 나타낸 것은?

① 쓴 맛이 있는 미끈거리는 액체로 붉은 리트머스시험지를 푸르게 한다.
② 주로 양성자를 받는 물질이다.
③ 금속의 수산화물로서 비전해질이다.
④ 수소보다 이온화 경향이 큰 금속과 반응하여 수소를 발생한다.

11 50mL의 0.01N NaOH용액을 100mL의 0.02N HCl에 혼합하고 증류수를 넣어 전체 용액을 1000mL로 하였을 때 이 혼합용액의 pH는?

① 1.82
② 2.82
③ 3.82
④ 4.82

12 다음 반응식에서 브뢴스테드의 산 · 염기 개념으로 볼 때 염기에 해당하는 것은?

$$H_2O + NH_3 \rightleftarrows OH^- + NH_4^+$$

① NH_3와 NH_4^+
② NH_3와 OH^-
③ H_2O와 OH^-
④ H_2O와 NH_4^+

답안 표기란				
09	①	②	③	④
10	①	②	③	④
11	①	②	③	④
12	①	②	③	④

13 $C_2H_2Cl_2$에 대한 설명으로 틀린 것은?

① 3개의 기하 이성질체가 존재한다.
② 이중결합이 하나 있다.
③ 평면 구조를 가진다.
④ 이성질체의 종류에 관계없이 모두 극성을 띤다.

14 디에틸에테르에 대한 설명으로 틀린 것은?

① 알킬기가 2개 있다.
② 알코올에 잘 녹는다.
③ 휘발성은 크지만 인화성은 작다.
④ 에탄올과 진한 황산의 혼합물을 통한 축합반응으로 만들어진다.

15 2−chloropropane에 해당하는 것은?

① $CH_3-CHCl-CH_3$
② $Cl-C_3H_6-Cl$
③ $CH_2Cl-CH_2-CH_3$
④ $CH_2Cl-CHCl-CH_3$

16 다음 물질들이 공통적으로 하고 있는 결합은?

흑연, 다이아몬드, 얼음

① 이온결합
② 공유결합
③ 금속결합
④ 배위결합

답안 표기란				
13	①	②	③	④
14	①	②	③	④
15	①	②	③	④
16	①	②	③	④

17 $CuCl_2$ 용액을 전기분해하여 63.5g의 구리를 얻고자 한다면 5A의 전류를 약 몇 시간 흐르게 해야 하는가? (단, Cu의 원자량은 63.5g이다.)

① 5.36시간 ② 8.12시간
③ 10.72시간 ④ 13.24시간

18 다음의 반응에서 산화제로 쓰인 것은?

$$SO_2 + 2H_2S \rightarrow 2H_2O + 3S$$

① SO_2 ② H_2O
③ H_2O ④ S

19 에탄올 46g을 완전연소 시키면 생기는 CO_2 분자의 개수는?

① 6.02×10^{23} ② 1.204×10^{23}
③ 6.02×10^{24} ④ 1.204×10^{24}

20 34g의 암모니아가 황산과 반응하여 만들어지는 황산암모늄은 몇 g인가? (단, S의 원자량은 32이고, N의 원자량은 14이다.)

① 92 ② 111
③ 132 ④ 151

답안 표기란				
17	①	②	③	④
18	①	②	③	④
19	①	②	③	④
20	①	②	③	④

2과목 화재예방과 소화방법

21 주된 연소형태가 표면연소인 것은?

① 코크스 ② 목재
③ 니트로셀룰로오스 ④ 종이

22 다음 중 화재 위험성이 증가하는 경우가 아닌 것은?

① 착화온도가 높을수록
② 인화점이 낮을수록
③ 폭발한계가 넓을수록
④ 폭발하한값이 작을수록

23 연소의 3요소 중 하나에 해당하는 역할이 나머지 셋과 다른 위험물은?

① 과망간산칼륨 ② 질산칼륨
③ 이황화탄소 ④ 과산화수소

24 화재분류에 따른 표시색상이 옳은 것은?

① 일반화재－무색 ② 전기화재－청색
③ 유류화재－백색 ④ 금속화재－황색

답안 표기란	
21	① ② ③ ④
22	① ② ③ ④
23	① ② ③ ④
24	① ② ③ ④

답안 표기란	
25	① ② ③ ④
26	① ② ③ ④
27	① ② ③ ④
28	① ② ③ ④

25 **ABC급 화재에 적응성이 있는 분말소화약제에서 발수제 역할을 하는 물질은?**

① 실리카겔 ② 활성탄
③ 실리콘오일 ④ 소다라임

26 **다음 중 분말 소화약제의 열분해 반응식에 해당하지 않는 것은?**

① $2NaHCO_3 + H_2SO_4 \rightarrow Na_2SO_4 + 2CO_2 + 2H_2O$
② $2KHCO_3 \rightarrow K_2CO_3 + CO_2 + H_2O$
③ $NH_4H_2PO_4 \rightarrow HPO_3 + NH_3 + H_2O$
④ $2KHCO_3 + (NH_2)_2CO \rightarrow K_2CO_3 + 2NH_3 + 2CO_2$

27 **할로겐화합물계 소화약제인 HFC−125의 화학식은?**

① CHF_3 ② C_2HF_5
③ CH_2F_5 ④ C_3HF_7

28 **할론소화약제와 가장 거리가 먼 주요 소화효과는?**

① 냉각소화 ② 질식소화
③ 부촉매소화 ④ 억제소화

29 **이산화탄소 소화기에 대한 설명으로 틀린 것은?**

① 이산화탄소와 산소가 잘 결합하는 특성 때문에 소화약제로 쓰인다.
② 방출용 동력이 따로 없어도 자체의 압력으로 방출할 수 있다.
③ 소화 후 소화약제에 의한 오손이 거의 없다.
④ 밀폐된 공간에서 사용 시 질식으로 인한 인명피해를 주의해야 한다.

30 **위험물제조소등에 펌프를 이용한 가압송수장치를 사용하는 옥내소화전을 설치하는 경우 펌프의 전양정은 몇 m인가? (단, 소방용 호스의 마찰손실수두는 10m, 배관의 마찰손실수두는 2.3m, 낙차는 43m이다.)**

① 55.3m ② 55.65m
③ 58.8m ④ 90.3m

31 **할로겐화합물 Halon 1211에 해당하는 분자식은?**

① CH_2ClBr ② CF_2Br_2
③ $C_2F_4Br_2$ ④ CF_2ClBr

32 **다음 중 방사 시 맹독성이 있는 포스겐($COCl_2$) 가스를 생성시켜 사용 금지된 하론 소화약제는?**

① Halon 104 ② Halon 1301
③ Halon 1211 ④ Halon 2402

답안 표기란				
29	①	②	③	④
30	①	②	③	④
31	①	②	③	④
32	①	②	③	④

답안 표기란				
33	①	②	③	④
34	①	②	③	④
35	①	②	③	④
36	①	②	③	④

33 이산화탄소 소화설비의 배관에 대한 기준으로 틀린 것은?

① 동관의 배관은 고압식인 것은 16.5MPa 이상의 압력에 견딜 것
② 관이음쇠는 고압식인 것은 16.5MPa 이상의 압력에 견딜 것
③ 원칙적으로 겸용이 가능하도록 할 것
④ 낙차는 50m 이하일 것

34 위험물제조소등에 설치하는 옥내소화전설비의 기준으로 옳지 않은 것은?

① 함의 표면에서 "소화전"이라고 표시하여야 한다.
② 호스접속구는 바닥으로부터 1.5m 이하의 높이에 설치한다.
③ 비상전원의 용량은 30분 이상 작동시키는 것이 가능해야 한다.
④ 별도의 정해진 조건을 충족하는 경우는 가압송수장치의 시동표시등을 설치하지 않을 수 있다.

35 다음 중 소요단위에 대한 기준으로 옳지 않게 연결된 것은? (단, 모두 내화구조일 경우에 해당된다.)

① 제조소 − $100m^2$
② 취급소 − $150m^2$
③ 저장소 − $150m^2$
④ 위험물 − 지정수량 × 10

36 위험물제조소에 옥내소화전 설비를 각 층에 7개씩 설치하였다. 수원의 양은 몇 m^3 이상이어야 하는가?

① $13m^3$
② $31.2m^3$
③ $39m^3$
④ $54.6m^3$

37 옥외탱크저장소에 대한 기준으로 틀린 것은?

① 제1석유류를 저장하는 옥외탱크저장소에 특형 포 방출구를 설치하는 경우, 방출률은 $8L/m^2 \cdot min$이다.

② 특정옥외탱크저장소는 옥외탱크저장소 중 저장 또는 취급하는 액체 위험물의 최대수량이 100만 리터 이상인 것을 말한다.

③ 지정수량의 3천 배 초과 4천 배 이하의 위험물을 저장하는 옥외탱크저장소에 확보하여야 하는 보유공지의 너비는 12m 이상이다.

④ 관계인이 예방규정을 정하여야 할 옥외탱크저장소에 저장되는 위험물의 지정수량 배수는 200배 이상이다.

38 위험물안전관리법령상 자동화재탐지설비의 설치기준으로 틀린 것은?

① 원칙적으로 하나의 경계구역의 면적은 $500m^2$ 이하로 하고 그 한 변의 길이는 50m 이하로 한다.

② 원칙적으로 경계구역은 건축물의 2 이상의 층에 걸치지 아니하도록 한다.

③ 옥외탱크저장소에 설치하는 자동화재탐지설비에는 불꽃감지기를 설치해야 한다.

④ 비상전원을 설치하여야 한다.

39 과산화나트륨의 연소 시 적절한 소화방법(소화설비 또는 소화약제)이 아닌 것은?

① 포소화기 ② 팽창질석

③ 팽창진주암 ④ 건조사

40 제3류 위험물의 소화방법에 대한 설명으로 틀린 것은?

① 제3류 위험물 중 금수성 물질은 포소화 적응성이 없다.

② 제3류 위험물은 모두 물에 의한 소화가 불가능하다.

③ 할로겐화합물 소화설비는 제3류 위험물에 적응성이 없다.

④ 칼륨과 나트륨은 물과 반응하여 가연성 기체를 발생한다.

답안 표기란				
37	①	②	③	④
38	①	②	③	④
39	①	②	③	④
40	①	②	③	④

3과목 위험물의 성질과 취급

답안 표기란				
41	①	②	③	④
42	①	②	③	④
43	①	②	③	④
44	①	②	③	④

41 위험물안전관리법령에 따라 지정수량 10배의 위험물을 운반할 때 서로 혼재할 수 있는 위험물은?

① 과산화나트륨과 과산화벤조일
② 유황과 황린
③ 아세톤과 탄화칼슘
④ 과염소산칼륨과 니트로글리세린

42 그림과 같은 위험물을 저장하는 탱크의 내용적은 약 몇 m^3인가?

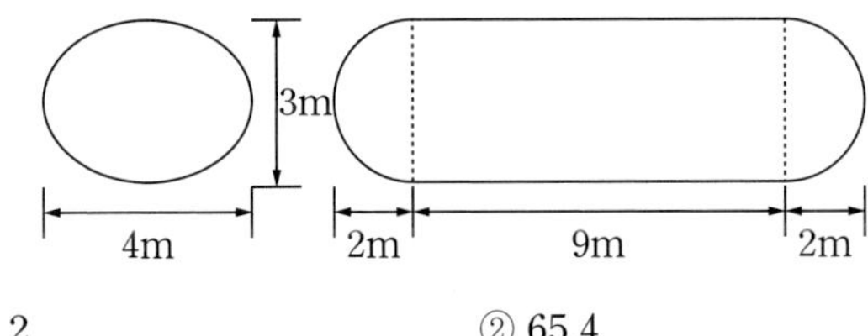

① 51.2　　② 65.4
③ 83.2　　④ 97.4

43 유황 150kg, 금속나트륨 50kg, 황화린 250kg을 저장하고 있는 경우 각각 지정수량 배수의 총합은?

① 7.5　　② 8.0
③ 8.5　　④ 9.0

44 위험물을 지정수량이 작은 것부터 큰 순서로 옳게 나열한 것은?

① 메탄올 < 클로로벤젠 < 동식물유류
② 메탄올 < 동식물유류 < 클로로벤젠
③ 동식물유류 < 클로로벤젠 < 메탄올
④ 동식물유류 < 메탄올 < 클로로벤젠

45 위험물의 운반용기 외부에 표시하여야 하는 주의사항에 "화기엄금"이 포함되지 않은 것은?

① 제2류 위험물 중 인화성고체
② 제3류 인화물 중 자연발화성물질
③ 제5류 위험물
④ 제6류 위험물

46 제3류 위험물 중 금수성물질의 제조소에 설치하는 주의사항 게시판의 바탕 및 문자의 색을 옳게 나타낸 것은?

① 청색바탕에 백색문자 ② 백색바탕에 청색문자
③ 백색바탕에 적색문자 ④ 적색바탕에 백색문자

47 옥외탱크저장소에서 취급하는 위험물의 최대수량에 따른 보유 공지 너비가 틀린 것은?

① 지정수량 500배 이하－3m 이상
② 지정수량 500배 초과 1,000배 이하－6m 이상
③ 지정수량 1,000배 초과 2,000배 이하－9m 이상
④ 지정수량 2,000배 초과 3,000배 이하－12m 이상

48 다음 중 자연발화의 위험성이 가장 높은 것은?

① 야자유 ② 아마인유
③ 올리브유 ④ 피마자유

답안 표기란				
45	①	②	③	④
46	①	②	③	④
47	①	②	③	④
48	①	②	③	④

답안 표기란				
49	①	②	③	④
50	①	②	③	④
51	①	②	③	④
52	①	②	③	④

49 **다음 2가지 물질을 혼합하였을 때 발화 또는 폭발의 위험성이 가장 높은 것은?**

① 금속칼륨과 유동성 파라핀
② 이황화탄소와 증류수
③ 과망간산칼륨과 물
④ 아세트산과 과산화나트륨

50 **인화점이 1기압에서 21℃ 이상, 70℃ 미만인 물질만을 나열한 것은?**

① 벤젠, 휘발유
② 초산, 경유
③ 휘발유, 글리세린
④ 참기름, 등유

51 **위험물안전관리법령상 취급소의 구분에 해당되는 것으로만 나열한 것은?**

① 주유취급소, 특수취급소
② 판매취급소, 이송취급소
③ 이송취급소, 옥내취급소
④ 특수취급소, 옥내취급소

52 **위험물안전관리법상 옥외저장탱크에 대한 기준으로 틀린 것은?**

① 간막이 둑의 용량은 간막이 둑안에 설치된 탱크의 용량의 10% 이상일 것
② 제4류 위험물 옥외저장탱크의 대기밸브부착 통기관은 5kPa 이하의 압력차이로 작동할 수 있을 것
③ 옥외저장탱크를 강철판으로 제작할 경우, 두께 3.2mm 이상으로 할 것
④ 옥외저장탱크의 지름이 15m 미만인 경우, 방유제는 탱크 높이의 1/2 이상 이격할 것

53 위험물안전관리법령에서 정하는 위험물제조소와의 안전거리 기준이 다음 중 가장 작은 것은?

① 주택
② 8,000V 특고압가공전선
③ 극장
④ 액화석유가스를 저장하는 시설

54 물과 반응하였을 때 발생하는 기체를 잘못 연결한 것은?

① 탄화리튬－아세틸렌
② 금속칼륨－수소
③ 금속나트륨－산소
④ 인화칼슘－포스핀

55 위험물안전관리법령상 $(CH_3)_2CHCH_2OH$의 품명에 해당하는 것은?

① 제1석유류
② 제2석유류
③ 특수인화물
④ 질산에스테르류

56 위험물의 저장 및 취급에 대한 설명으로 틀린 것은?

① 황린은 pH9 정도의 물속에 저장한다.
② 알루미늄분은 분진발생 방지를 위해 물에 적셔서 저장한다.
③ 니트로셀룰로오스는 물 또는 알코올 수용액으로 습면시켜 취급한다.
④ 메틸에틸케톤 증기는 인화성이 크므로 밀전하여 저장한다.

답안 표기란				
53	①	②	③	④
54	①	②	③	④
55	①	②	③	④
56	①	②	③	④

57 **적린에 대한 설명으로 틀린 것은?**

① 산화제와 혼합한 경우 마찰 · 충격에 의해서 발화한다.
② 황린의 동소체이고 황린에 비하여 안정하다.
③ 성냥, 화약 등에 이용된다.
④ 자연발화를 막기 위해 물 속에 보관한다.

58 **위험물에 대한 설명 중 틀린 것은?**

① 트리니트로페놀은 폭발에 대비하여 철, 구리로 만든 용기에 저장한다.
② 가솔린의 비중은 물보다 작고 증기비중은 공기보다 크다.
③ 피리딘은 물에 녹으며 상온에서 인화의 위험이 있다.
④ 아세트알데히드는 은, 수은, 동 및 이의 합금으로 된 용기를 사용해서는 안 된다.

59 **동식물유류에 대한 설명으로 틀린 것은?**

① 건성유는 섬유질에 스며들어 있으면 자연발화의 위험이 있다.
② 아마인유는 불건성유이므로 자연발화의 위험이 낮다.
③ 인화점이 100℃보다 높은 물질이 많다.
④ 대부분 비중 값이 물보다 작다.

60 **제5류 위험물에 대한 설명으로 옳은 것은?**

① 질산메틸과 니트로글리세린은 상온에서 고체로 존재한다.
② $C_6H_2CH_3(NO_2)_3$는 자기연소가 불가능하다.
③ 니트로셀룰로오스는 니트로화합물에 속한다.
④ 질식소화보다는 냉각소화가 적절하다.

답안 표기란				
57	①	②	③	④
58	①	②	③	④
59	①	②	③	④
60	①	②	③	④

제5회 CBT 기출변형 모의고사

수험번호
수험자명

제한 시간 : 90분 전체 문제 수 : 60 맞힌 문제 수 :

1과목 일반화학

01 $N_2 + 3H \rightleftarrows 2NH_3$의 반응에 있어서 평형상수 K를 나타내는 식은?

① $K = \frac{[NH_3]}{[N_2][H]}$
② $K = \frac{[NH_3]^2}{[N_2][H]^3}$
③ $K = \frac{[N_2][H]}{[NH_3]}$
④ $K = \frac{[N_2][H]^3}{[NH_3]}$

02 우라늄 $^{238}_{92}U$이 α붕괴 1번, β붕괴 1번을 거쳐 생성된 Pa의 원자번호는?

① 90
② 91
③ 93
④ 94

03 방사선에서 α선과 비교한 γ선에 대한 설명으로 틀린 것은?

① α선보다 투과력이 약하다.
② α선보다 형광작용이 약하다.
③ α선보다 감광작용이 약하다.
④ α선보다 전리작용이 약하다.

04 다음과 같은 전자 배치를 갖는 원자에 대한 설명으로 틀린 것은?

> A : $1s^2 2s^2 2p^6 3s^2$
> B : $1s^2 2s^2 2p^6 3s^1 3p^1$

① A와 B는 2족 원소이다.
② A는 이원자이고, B는 홑원자 상태인 것을 알 수 있다.
③ A와 B는 같은 종류의 원자이다.
④ A에서 B로 변할 때 에너지를 방출한다.

답안 표기란

01	① ② ③ ④
02	① ② ③ ④
03	① ② ③ ④
04	① ② ③ ④

05 **황 원자의 최외각 전자 수는 몇 개인가?**

① 1　② 2
③ 6　④ 8

06 **NaCl 1mol 중 이온의 총수와 같은 것은?**

① 수소분자 1mol에 포함된 양성자수
② $\frac{1}{2}O_2$ mol 중 양성자수
③ 수소원자 1mol의 원자수
④ CO_2 1mol의 원자수

07 **다음 중 전이원소만으로 나열된 것은?**

① $_{21}Sc$, $_{23}V$, $_{29}Cu$　② $_{23}V$, $_{29}Cu$, $_{37}Rb$
③ $_{25}Mn$, $_{28}Ni$, $_{36}Kr$　④ $_{26}Fe$, $_{30}Zn$, $_{38}Sr$

08 **혼성오비탈에 대한 설명으로 틀린 것은?**

① C_2H_2는 직선형 모양으로, sp 오비탈의 대표적인 예이다.
② CH_4는 정사면체 모양으로, 결합각은 약 109.5°이다.
③ C_2H_4에서 C와 C 사이의 이중결합은 파이 결합이고, p오비탈끼리는 시그마 결합을 한다.
④ BF_3은 sp^2 오비탈을 이루며 평면 정삼각형 모양이다.

답안 표기란	
05	① ② ③ ④
06	① ② ③ ④
07	① ② ③ ④
08	① ② ③ ④

PART 1 CBT 기출변형 모의고사

09 다음 pH값에서 알칼리성이 가장 큰 것은?

① pH=2
② pH=7
③ pH=10
④ pH=12

10 25℃에서 75% 해리된 0.1N HCl의 pH는 얼마인가?

① 1.08
② 1.12
③ 2.08
④ 2.12

11 다음 중 염기성 산화물에 해당하는 것은?

① CO_2
② CaO
③ Al_2O_3
④ ZnO

12 다음 화학반응 중 H_2O가 산으로 작용하는 반응은?

① $CH_3COOH+H_2O \rightarrow CH_3COO^-+H_3O^+$
② $NH_4^++H_2O \rightarrow NH_3+H_3O^+$
③ $CH_3COO^-+H_2O \rightarrow CH_3COOH+OH^-$
④ $HCl+H_2O \rightarrow H_3O^++Cl^-$

답안 표기란				
09	①	②	③	④
10	①	②	③	④
11	①	②	③	④
12	①	②	③	④

13 다음 화합물들 가운데 기하학적 이성질체를 가지고 있는 것은?

① CH_3-CH_2-OH　② $CH_2=CH_2$
③ $CH_3-CH=CH-CH_3$　④ $C_2H_6-C=C-C_2H_6$

14 TNT는 어느 물질로부터 제조하는가?

① 톨루엔　② 벤조산
③ 페놀　④ 니트로벤젠

15 다음 중 화합물과 유도체가 잘못 짝지어진 것은?

① 톨루엔, 벤조산　② 니트로벤젠, 아닐린
③ 페놀, 크레졸　④ 자일렌, 아스피린

16 배수비례의 법칙이 성립되지 않는 것은?

① H_2O와 H_2O_2　② SO_2, SO_3
③ N_2O와 NO　④ CH_4, CCl_4

답안 표기란				
13	①	②	③	④
14	①	②	③	④
15	①	②	③	④
16	①	②	③	④

17 30℃의 포화용액 80g 속에 어떤 물질이 30g 녹아있다. 이 온도에서 이 물질의 용해도는?

① 30　　② 37.5
③ 60　　④ 62.5

18 다음 중 밑줄 친 원소의 산화수가 가장 큰 것은?

① $K_3[\underline{Fe}(CN)_6]$　　② $H\underline{N}O_3$
③ $K_2\underline{Cr}_2O_7$　　④ $\underline{S}O_2$

19 30℃에서 500mL의 부피를 차지하는 기체가 있다. 동일한 압력 60℃에서는 몇 mL를 차지하는가?

① 525mL　　② 550mL
③ 575mL　　④ 600mL

20 80wt% 황산의 비중은 1.84이다. 이 황산의 몰농도는 약 얼마인가? (단, 황산의 분자량은 98이다.)

① 12　　② 15
③ 18　　④ 21

답안 표기란				
17	①	②	③	④
18	①	②	③	④
19	①	②	③	④
20	①	②	③	④

2과목 화재예방과 소화방법

답안 표기란	
21	① ② ③ ④
22	① ② ③ ④
23	① ② ③ ④
24	① ② ③ ④

21 가연성 물질의 연소형태에 대한 설명으로 틀린 것은?

① 산소 공급원을 가진 물질 자체가 연소하는 것을 자기연소라 한다.
② 공기와 접촉하는 표면에서 연소가 일어나는 것을 표면연소라 한다.
③ 증발연소는 고체의 연소에만 속하는 연소형태이다.
④ 기체의 연소형태는 대부분 정상연소이다.

22 연소 및 소화에 대한 설명으로 틀린 것은?

① 가연물질에 따라 한계산소량의 값이 달라진다.
② 공기 중의 산소 농도가 0%까지 떨어져야만 연소가 중단되는 것은 아니다.
③ 주위 온도가 높아질수록 연소가 잘 된다.
④ 표면적(연소범위)이 좁을수록 연소가 잘 된다.

23 연소에 대한 설명으로 틀린 것은?

① 황린은 연소에서 가연물로 작용한다.
② 제1류, 제5류, 제6류 위험물은 산소공급원으로 작용할 수 있다.
③ 고체가연물은 분말일 때보다 덩어리 상태일 때 화재 위험성이 증가한다.
④ 제3류 위험물은 자연발화 위험성이 있다.

24 분말소화약제에 해당하는 착색으로 옳은 것은?

① 제1종 분말－담회색
② 제2종 분말－회색
③ 제3종 분말－담홍색
④ 제4종 분말－백색

25 다음 ( )에 들어갈 말을 순서대로 나열한 것은?

> 제3종 분말소화약제 열분해 시 생성되는 물질로, 목재나 섬유 등을 구성하고 있는 섬유소를 탈수 · 탄화시켜 연소를 억제하는 것은 ( )이고, 부착성이 좋은 막을 형성하여 산소의 유입을 차단하는 것은 ( )이다.

① HPO_3, H_3PO_4　② H_3PO_4, HPO_3
③ HPO_3, NH_3　④ NH_3, H_3PO_4

26 분말소화약제의 분해 반응식이다. ( ) 안에 알맞은 것은?

$$2KHCO_3 \rightarrow (\quad) + CO_2 + H_2O$$

① 2KCO　② $2KCO_2$
③ K_2CO_2　④ K_2CO_3

27 위험물안전관리법령상 분말소화설비의 기준에서 가압용 또는 축압용 가스로 사용하도록 지정한 것만 나열한 것은?

① 질소, 아르곤　② 질소, 이산화탄소
③ 헬륨, 이산화탄소　④ 헬륨, 아르곤

28 물을 소화약제로 사용하는 이유로 틀린 것은?

① 기화열이 커 냉각시키는 데 효과적이다.
② 비교적 쉽게 구해서 이용이 가능하다.
③ 취급이 간편하며 이송이 비교적 용이하다.
④ 피연소 물질에 대한 피해가 없다.

답안 표기란	
25	① ② ③ ④
26	① ② ③ ④
27	① ② ③ ④
28	① ② ③ ④

답안 표기란				
29	①	②	③	④
30	①	②	③	④
31	①	②	③	④
32	①	②	③	④

29 다음 중 소화약제의 주성분인 것은?

① N_2H_4　② NH_4BrO_3
③ NH_4NO_3　④ $NH_4H_2PO_4$

30 위험물제조소등에 펌프를 이용한 가압송수장치를 사용하는 옥내소화전을 설치하는 경우 펌프의 전양정은 몇 m인가? (단, 소방용 호스의 마찰손실수두는 7.5m, 배관의 마찰손실수두는 2.2m, 낙차는 27.3m이다.)

① 37m　② 40.5m
③ 72m　④ 90.5m

31 할로겐화합물의 화학식과 Halon 번호가 옳게 연결된 것은?

① CCl_4 — Halon 1004
② CH_3I — Halon 1001
③ CH_2ClBr — Halon 1011
④ $C_2F_4Br_2$ — Halon 2042

32 펌프와 발포기의 중간에 설치된 벤추리관의 벤추리 작용에 의해 포소화약제를 흡입 및 혼합하는 방식은?

① 압축공기포 소화설비　② 펌프 프로포셔너
③ 라인 프로포셔너　④ 프레져 사이드 프로포셔너

답안 표기란	
33	① ② ③ ④
34	① ② ③ ④
35	① ② ③ ④
36	① ② ③ ④

33 위험물제조소 등에 설치하는 이산화탄소소화설비의 저장용기 충전비를 바르게 나타낸 것은?

① 고압식 : 1.5 이상 1.9 이하
② 고압식 : 1.1 이상 1.4 이하
③ 저압식 : 0.9 이상 1.5 이하
④ 저압식 : 0.5 이상 0.9 이하

34 위험물제조소등에 설치하는 옥내소화전설비의 기준으로 옳지 않은 것은?

① 옥내소화전함의 상부의 벽면에 적색의 표시등을 설치하여야 한다.
② 개폐밸브에는 그 흐름방향을, 체크밸브에는 그 개폐방향을 표시한다.
③ 배관은 당해 배관에 급수하는 가압송수장치의 체절압력의 1.5배 이상의 수압을 견딜 수 있어야 한다.
④ 수원의 수위가 펌프보다 낮은 위치에 있는 가압송수장치는 물올림장치를 설치해야 한다.

35 니트로화합물 40,000kg에 대한 소화설비의 소요단위는?

① 10단위　② 20단위
③ 30단위　④ 40단위

36 위험물제조소에 옥내소화전 설비를 1층에 5개, 2층에 6개, 3층에 3개 설치하였다. 수원의 양은 몇 m^3 이상이어야 하는가?

① $23.4m^3$　② $39m^3$
③ $46.8m^3$　④ $109.2m^3$

37 **폐쇄형스프링클러헤드 부착장소의 평상시의 최고 주위온도가 64℃ 이상 106℃ 미만일 때 표시온도의 범위로 옳은 것은?**

① 58℃ 이상 79℃ 미만
② 79℃ 이상 121℃ 미만
③ 121℃ 이상 162℃ 미만
④ 162℃ 이상

38 **위험물안전관리법령상 제3류 위험물 중 금수성 물질에 적응성이 있는 소화기와 금수성 물질 이외의 것에 적응성이 있는 소화설비를 바르게 나열한 것은?**

① 탄산수소염류분말소화기, 포소화설비
② 이산화탄소소화기, 분말소화설비
③ 할로겐화합물소화기, 불활성가스소화설비
④ 인산염류분말소화기, 할로겐화합물소화설비

39 **다음 중 화재와 그에 따른 적응성이 있는 소화기를 바르게 연결한 것은?**

① 알칼리금속과산화물－물통
② 가솔린－무상강화액소화기
③ 디에틸에테르－봉상강화액소화기
④ 마그네슘 분말－이산화탄소소화기

40 **제4류 위험물의 소화방법에 대한 설명으로 틀린 것은?**

① 비수용성 제4류 위험물에 주수소화가 적합하지 않은 이유는 주수소화 시 연소면이 확대되기 때문이다.
② 수용성인 가연성 액체의 화재에는 수성막포에 의한 소화가 효과적이다.
③ 대체로 공기차단에 의한 질식효과가 효과적이며, 연소물질을 제거하거나 액체를 인화점 이하로 냉각시켜 소화할 수 있는 물질도 있다.
④ 이산화탄소 소화기와 무상강화액 소화기가 적응성이 있다.

답안 표기란				
37	①	②	③	④
38	①	②	③	④
39	①	②	③	④
40	①	②	③	④

3과목 위험물의 성질과 취급

답안 표기란	
41	① ② ③ ④
42	① ② ③ ④
43	① ② ③ ④
44	① ② ③ ④

41 **위험물안전관리법령에 따라 지정수량 10배의 위험물을 운반할 때 서로 혼재할 수 있는 위험물은?**

① 질산메틸과 적린
② 과망간산칼륨과 경유
③ 마그네슘과 과산화수소
④ 알킬알루미늄과 질산

42 **위험물안전관리법령상 다음 암반탱크의 공간 용적은 얼마인가?**

- 암반탱크의 내용적 10억 리터
- 탱크 내에 용출하는 1일 지하수의 양 3백만 리터

① 10억 리터 ② 1억 리터
③ 2천 1백만 리터 ④ 3백만 리터

43 **등유 500L, 경유 1,500L, 벤젠 700L를 저장하고 있는 경우 각각 지정수량 배수의 총합은?**

① 5.0 ② 5.5
③ 6.0 ④ 6.5

44 **위험물을 지정수량이 작은 것부터 큰 순서로 옳게 나열한 것은?**

① 황화린< 나트륨< 인화성고체
② 황화린< 인화성고체< 나트륨
③ 나트륨< 황화린< 인화성고체
④ 나트륨< 인화성고체< 황화린

45 위험물의 운반용기 외부에 표시하여야 하는 주의사항에 "공기접촉엄금"이 포함된 것은?

① 제2류 위험물 중 철분 · 금속분 · 마그네슘
② 제2류 위험물 중 인화성고체
③ 제3류 인화물 중 자연발화성물질
④ 제3류 인화물 중 금수성물질

답안 표기란				
45	①	②	③	④
46	①	②	③	④
47	①	②	③	④
48	①	②	③	④

46 "주유중엔진정지"를 나타내는 게시판의 바탕색과 문자색은?

① 청색바탕에 백색문자
② 백색바탕에 흑색문자
③ 흑색바탕에 황색문자
④ 황색바탕에 흑색문자

47 옥외탱크저장소에서 취급하는 위험물의 최대수량에 따른 보유 공지 너비가 바르게 연결된 것은?

① 지정수량 500배 초과 1,000배 이하－3m 이상
② 지정수량 1,000배 초과 2,000배 이하－9m 이상
③ 지정수량 2,000배 초과 3,000배 이하－15m 이상
④ 지정수량 3,000배 초과 4,000배 이하－18m 이상

48 다음 중 요오드값이 가장 작은 것은?

① 정어리기름
② 야자유
③ 동유
④ 아마인유

49 **다음 2가지 물질을 혼합하였을 때 발화 또는 폭발의 위험성이 가장 낮은 것은?**

① 나트륨과 등유
② 과염소산칼륨과 적린
③ 벤조일퍼옥사이드와 질산
④ 아염소산나트륨과 티오황산나트륨

50 **다음 (　　)에 들어갈 수치의 합은?**

> 위험물안전관리법령에서 정의한 특수인화물의 조건은 1기압에서 발화점이 (　　)℃ 이하인 것 또는 인화점이 영하 (　　)℃ 이하이고 비점이 (　　)℃ 이하인 것이다.

① 150　　② 160
③ 250　　④ 260

51 **다음 중 위험물안전관리법령에서 정한 취급소만을 모두 고른 것은?**

> ㄱ. 주유취급소　　ㄴ. 특수취급소
> ㄷ. 일반취급소　　ㄹ. 이송취급소
> ㅁ. 판매취급소　　ㅂ. 옥내취급소

① ㄱ, ㄴ, ㄷ, ㄹ　　② ㄱ, ㄷ, ㄹ, ㅁ
③ ㄴ, ㄷ, ㄹ, ㅁ　　④ ㄷ, ㄹ, ㅁ, ㅂ

52 **다음은 위험물안전관리법령에 따른 제4류 위험물 옥내저장탱크에 설치하는 밸브 없는 통기관의 설치기준이다. (　　)에 들어갈 말을 순서대로 바르게 나열한 것은?**

> • 지름은 (　　)mm 이상일 것
> • 끝부분은 수평면보다 (　　)도 이상 구부려 설치한다.

① 30, 45　　② 30, 60
③ 50, 45　　④ 50, 60

답안 표기란	
49	① ② ③ ④
50	① ② ③ ④
51	① ② ③ ④
52	① ② ③ ④

53 다음 중 위험물안전관리법령에서 정하는 위험물제조소와의 안전거리 기준이 다른 하나는?

① 공연법에 따른 공연장 및 그 밖에 이와 유사한 시설로서 3백 명 이상의 인원을 수용할 수 있는 것
② 가정폭력방지 및 피해자보호 등에 관한 법률에 따른 보호시설 및 그 밖에 이와 유사한 시설로서 20명 이상의 인원을 수용할 수 있는 것
③ 문화재보호법의 규정에 의한 유형문화재와 기념물 중 지정문화재
④ 의료법에 따른 병원급 의료기관

54 물과 반응하였을 때 발생하는 기체를 잘못 연결한 것은?

① 탄화마그네슘－아세틸렌
② 과산화칼륨－수소
③ 탄화알루미늄－메탄
④ 트리에틸알루미늄－에탄

55 위험물안전관리법령에서 정한 품명이 나머지 셋과 다른 것은?

① 글리세린
② 아닐린
③ 에틸렌글리콜
④ 클로로벤젠

56 다음 위험물을 저장할 때 사용하는 보호액으로 틀린 것은?

① 금속칼륨－등유
② 황린－물
③ 이황화탄소－알코올
④ 니트로셀룰로오스－알코올

답안 표기란	
53	① ② ③ ④
54	① ② ③ ④
55	① ② ③ ④
56	① ② ③ ④

57 적린에 대한 설명으로 옳은 것은?

① 연소생성물은 황린과 같다.
② 물과 격렬하게 반응하여 열을 발생한다.
③ 발화 방지를 위해 염소산칼륨과 함께 보관한다.
④ 공기 중에 방치하면 자연발화한다.

58 인화칼슘의 성질로 틀린 것은?

① 적갈색의 고체이다.
② 비중이 1 이상이다.
③ 상온의 공기 중에서는 비교적 안정하다.
④ 물과 반응하여 불연성의 포스핀 가스를 발생한다.

59 벤젠에 대한 설명으로 옳은 것은?

① 공명구조를 가지고 있는 포화탄화수소이다.
② 겨울철에는 응고하여 인화의 위험이 없지만, 상온에서는 액체상태로 인화의 위험이 높다.
③ 휘발성을 갖는 갈색 무취의 액체이다.
④ 물보다 비중 값이 작지만, 증기비중 값은 공기보다 크다.

60 제4류 위험물의 일반적인 성질에 대한 설명으로 옳은 것은?

① 증기는 대부분 공기보다 가볍다.
② 제1석유류~제4석유류는 비점으로 구분한다.
③ 특수인화물은 위험등급Ⅰ, 알코올류는 위험등급Ⅱ이다.
④ 액체의 비중은 대체로 물보다 무거운 것이 많다.

답안 표기란				
57	①	②	③	④
58	①	②	③	④
59	①	②	③	④
60	①	②	③	④

제6회 CBT 기출변형 모의고사

수험번호
수험자명

제한 시간 : 90분 전체 문제 수 : 60 맞힌 문제 수 :

1과목 일반화학

01 20℃에서 어떤 반응에 대하여 열역학적 평형상수값이 6.55였다. 이 반응에 대한 ΔG° 값은 몇 kJ/mol인가? (단, 기체상수 R은 8.314J/mol · K이다.)

① 4.58 ② −4.58
③ 9.74 ④ −9.74

02 방사성 원소인 Pa(프로탁티늄)이 다음과 같이 변화되었을 때의 붕괴 유형은?

$$^{231}_{91}Pa \rightarrow ^{227}_{89}Ac + ^{4}_{2}He$$

① α 붕괴 ② β 붕괴
③ γ 붕괴 ④ R 붕괴

03 F^-와 같은 전자 배치를 가지는 것은?

① Ca^{2+} ② Ar
③ Cl^- ④ Mg^{2+}

04 다음 반응에서 Be^{2+} 이온과 동일한 전자배치를 갖는 원소는?

$$Be + 에너지 \rightarrow Be^{2+} + 2e^-$$

① He ② Ne
③ Mg ④ Li

답안 표기란

01	①	②	③	④
02	①	②	③	④
03	①	②	③	④
04	①	②	③	④

PART 1 CBT 기출변형 모의고사

05 옥텟규칙에 따르면 비소가 반응할 때, 다음 중 어떤 원소의 전자수와 같아지려고 하는가?

① Cl ② Ar
③ Br ④ Kr

06 원소의 화학적 성질이 비슷하려면?

① 원자량이 비슷한 경우
② 원자 번호가 비슷한 경우
③ 원소의 족이 같은 경우
④ 원소의 주기가 같은 경우

07 알칼리 금속에 대한 설명 중 틀린 것은?

① 무른 성질 덕분에 칼로 쉽게 자를 수 있다.
② 고유한 불꽃색을 가지고 있다.
③ K보다 Li의 반응성이 더 크다.
④ ＋1가 양이온이 되기 쉽다.

08 p오비탈과 d오비탈이 수용할 수 있는 최대 전자의 총수는 각각 얼마인가?

① 3, 5 ② 5, 3
③ 6, 10 ④ 10, 6

답안 표기란	
05	① ② ③ ④
06	① ② ③ ④
07	① ② ③ ④
08	① ② ③ ④

09 pH가 5.4인 물질 속의 수소이온농도는?

① $1.98 \times 10^{-6}M$　② $2.98 \times 10^{-6}M$
③ $3.98 \times 10^{-6}M$　④ $4.98 \times 10^{-6}M$

10 끓는점이 높은 순서대로 옳게 나열한 것은?

① HI > HBr > HCl > HF
② HI > HF > FCl > HBr
③ HF > HCl > HBr > HI
④ HF > HI > HBr > HCl

11 다음 중 염기성 산화물에 해당하는 것은?

① 이산화탄소　② 산화나트륨
③ 이산화규소　④ 산화주석

12 다음 화학반응 중 H_2O가 염기로 작용하는 반응은?

① $ClO^- + H_2O \rightarrow HClO + OH^-$
② $CH_3COOH + H_2O \rightarrow CH_3COO^- + H_3O^+$
③ $CO_3^{2-} + 2H_2O \rightarrow H_2CO_3 + 2OH^-$
④ $NH_3 + H_2O \rightarrow NH_4^+ + OH^-$

답안 표기란	
09	① ② ③ ④
10	① ② ③ ④
11	① ② ③ ④
12	① ② ③ ④

13 크레졸의 이성질체 수는 몇 개인가?

① 2개 ② 3개
③ 4개 ④ 5개

14 나일론-66(Nylon 6, 6)에 대한 설명으로 틀린 것은?

① 펩티드 결합이 들어 있다.
② 염화비닐과 폴리에틸렌을 사용한다.
③ 열가소성 고분자이다.
④ 축합중합반응을 통해 제조된다.

15 벤젠에 대한 설명으로 옳은 것은?

① 이중결합을 가지고 있어 치환반응보다 첨가반응이 지배적이다.
② 화학식은 C_6H_{12}이다.
③ 알코올과 에테르에 잘 녹는다.
④ 벤젠은 공명 혼성구조를 가져 불안정한 방향족 화합물이다.

16 미지의 기체 분자량을 측정에 이용할 수 있는 법칙에 대한 설명으로 옳은 것은?

① 기체 확산 속도는 분자량의 제곱에 비례한다.
② 기체 확산 속도는 분자량의 제곱에 반비례한다.
③ 기체 확산 속도는 분자량의 제곱근에 비례한다.
④ 기체 확산 속도는 분자량의 제곱근에 반비례한다.

답안 표기란				
13	①	②	③	④
14	①	②	③	④
15	①	②	③	④
16	①	②	③	④

17 KNO_3의 물에 대한 용해도는 50℃에서 90이고, 30℃에서 40이다. 50℃에서 KNO_3 포화용액 570g을 30℃로 냉각시키면 몇 g의 KNO_3가 석출되는가?

① 120　② 150
③ 210　④ 270

18 다음 중 밑줄 친 원소의 산화수가 같은 것끼리 짝지은 것은?

① $\underline{Cr}_2O_7^{2-}$, $K\underline{N}O_3$　② $\underline{C}Cl_4$, $Na_2\underline{Cr}_2O_7$
③ $K\underline{Mn}O_4$, $Ag_2\underline{S}$　④ $H_3\underline{P}O_4$, $H\underline{Cl}O_3$

19 어떤 기체 A는 27℃, 760mmHg에서 부피가 3L이다. 이 기체는 몇 mol인가? (단, 이상기체라고 가정한다.)

① 0.05　② 0.12
③ 0.25　④ 0.30

20 순황산 49g이 황산수용액 250mL에 녹아 있다면 이 용액의 농도는 몇 N인가?

① 1　② 2
③ 3　④ 4

답안 표기란	
17	① ② ③ ④
18	① ② ③ ④
19	① ② ③ ④
20	① ② ③ ④

2과목 화재예방과 소화방법

21 가연물의 주된 연소형태에 대한 설명으로 틀린 것은?

① 에테르의 연소는 증발연소이다.
② 유황의 연소는 증발연소이다.
③ TNT의 연소는 자기연소이다.
④ 숯의 연소는 자기연소이다.

22 자연발화가 잘 일어나기 위해 높아야 하는 조건에 해당하지 않는 것은?

① 열전도율 ② 주위 온도
③ 주위 습도 ④ 발열량

23 표준상태에서 적린 2mol이 완전 연소하여 오산화인을 만드는 데 필요한 이론공기량은 약 몇 L인가? (단, 공기 중 산소는 21vol%이다.)

① 56 ② 112
③ 267 ④ 453

24 분말소화약제에 해당하는 착색으로 옳은 것은?

① 탄산수소칼륨 – 청색
② 탄산수소나트륨 – 백색
③ 탄산수소칼륨 – 검은색
④ 탄산수소나트륨 – 황색

답안 표기란	
21	① ② ③ ④
22	① ② ③ ④
23	① ② ③ ④
24	① ② ③ ④

25 **분말소화기에서 질식효과를 일으키는 물질은?**

① CO_2 ② Cl_2
③ H_2SO_4 ④ Ar

26 **탄산수소칼륨 소화약제의 열분해 반응 시 생성되는 물질이 아닌 것은?**

① CO_2 ② K_2CO_3
③ K_2O ④ H_2O

27 **다음 중 소화의 원리가 나머지 셋과 다른 하나는?**

① 질식소화 ② 냉각소화
③ 억제소화 ④ 제거소화

28 **물 소화약제에 대한 설명으로 틀린 것은?**

① 봉상주수는 C급 화재 진압에 효과적이다.
② 주된 소화효과는 냉각소화이다.
③ 이산화탄소보다 기화잠열이 크다.
④ 무상주수는 냉각작용과 질식작용을 한다.

답안 표기란	
25	① ② ③ ④
26	① ② ③ ④
27	① ② ③ ④
28	① ② ③ ④

29 소화약제 제조 시 사용되는 성분이 아닌 것은?

① 트리클로로실란
② 에틸렌글리콜
③ 요소
④ 탄산수소나트륨

30 위험물제조소등에 옥내소화전설비를 압력수조를 이용한 가압송수장치로 설치하는 경우 압력수조의 최소 압력(P)을 구하는 식으로 옳은 것은? (단, p_1은 소방용 호스의 마찰손실수두압, p_2는 배관의 마찰손실수두압, p_3는 낙차의 환산수두압이며, 단위는 모두 MPa이다.)

① $P=p_1+p_2+p_3$
② $P=p_1+p_2+p_3+0.35MPa$
③ $P=p_1+p_2+p_3+3.5MPa$
④ $P=p_1+p_2+p_3+35MPa$

31 Halon 1202에 함유되지 않은 원소는?

① H
② F
③ Br
④ C

32 전역방출방식의 할로겐화물 소화설비 중 하론 2402를 방사하는 분사헤드의 방사압력은 얼마 이상이어야 하는가?

① 0.1MPa
② 0.2MPa
③ 0.5MPa
④ 0.9MPa

답안 표기란				
29	①	②	③	④
30	①	②	③	④
31	①	②	③	④
32	①	②	③	④

33 **위험물제조소 등에 설치하는 이산화탄소소화설비의 저압식 저장용기에 대한 설명으로 틀린 것은?**

① 액면계 및 압력계를 설치해야 한다.
② 2.3MPa 이상 및 1.9MPa 이하의 압력에서 작동하는 압력경보장치를 설치해야 한다.
③ 용기 내부 온도를 영하 20℃ 이상 영하 18℃ 이하로 유지할 수 있는 자동냉동기를 설치해야 한다.
④ 방출밸브는 설치하되 파괴판은 설치하지 않아도 된다.

34 **위험물안전관리법령상 옥내소화전 설비의 축전지설비에 대한 설명 중 틀린 것은?**

① 설치된 벽으로부터 0.1m 이상 이격할 것
② 물이 침투할 우려가 없는 장소에 설치할 것
③ 동일실에 2 이상 설치하는 경우에는 상호간격을 0.6m 이상 이격할 것
④ 설치한 실에는 옥외로 통하는 환기설비를 제거할 것

35 **탄화칼슘 15,000kg에 대한 소화설비의 소요단위는?**

① 3　　② 4
③ 5　　④ 6

36 **위험물제조소에서 옥내소화전이 1층에 3개, 2층에 8개가 설치되어 있을 때 수원의 수량은 몇 L 이상이 되도록 설치하여야 하는가?**

① 13,000　　② 15,600
③ 39,000　　④ 46,800

답안 표기란	
33	① ② ③ ④
34	① ② ③ ④
35	① ② ③ ④
36	① ② ③ ④

37 **스프링클러헤드설비의 기준으로 틀린 것은?**

① 개방형 스프링클러헤드는 헤드의 축심이 당해 헤드의 부착면에 대하여 45°가 되도록 설치할 것
② 폐쇄형 스프링클러헤드는 헤드의 반사판과 당해 헤드의 부착면과의 거리가 0.3m 이하일 것
③ 개구부에 설치하는 폐쇄형 스프링클러헤드는 당해 개구부의 상단으로부터 높이 0.15m 이내의 벽면에 설치할 것
④ 개방형 스프링클러 헤드를 이용하는 스프링클러설비에 설치하는 수동식 개방밸브를 개방 조작하는데 필요한 힘은 15kg 이하가 되도록 설치할 것

38 **제조소 또는 일반취급소에서 취급하는 제4류 위험물의 최대수량의 합이 지정수량의 13만 배인 사업소의 자체소방대에 두는 화학소방자동차와 자체소방대원의 기준으로 옳은 것은?**

① 1대, 5인
② 2대, 10인
③ 3대, 15인
④ 4대, 20인

39 **다음 중 위험물과 적응성이 있는 소화설비를 바르게 연결한 것은?**

① 질산나트륨 : 할로겐화합물 소화기
② 톨루엔 : 무상수 소화기
③ 니트로벤젠 : 이산화탄소 소화기
④ 마그네슘 : 포소화기

40 **제5류 위험물의 소화방법에 대한 설명으로 옳은 것은?**

① 물통 또는 수조를 이용한 소화가 적응성이 있다.
② 탄산가스를 사용하여 소화할 수 있다.
③ 옥내소화전설비는 적응성이 없다.
④ 할로겐화합물 소화기는 적응성이 있다.

답안 표기란				
37	①	②	③	④
38	①	②	③	④
39	①	②	③	④
40	①	②	③	④

3과목 위험물의 성질과 취급

답안 표기란				
41	①	②	③	④
42	①	②	③	④
43	①	②	③	④
44	①	②	③	④

41 위험물안전관리법령에 따라 지정수량 10배의 위험물을 운반할 때 서로 혼재가 금지된 위험물은?

① 질산메틸과 경유
② 과염소산과 휘발유
③ 과산화나트륨과 과염소산
④ 황린과 알코올

42 액체위험물은 운반용기 내용적의 몇 % 이하의 수납률로 수납하여야 하는가? (단, 55℃의 온도에서 누설되지 아니하도록 충분한 공간 용적을 유지한다고 한다.)

① 90　　② 95
③ 98　　④ 99

43 탄화칼슘 90kg, 질산나트륨 60kg, 무기과산화물 75kg을 저장하고 있는 경우 각각 지정수량 배수의 총합은?

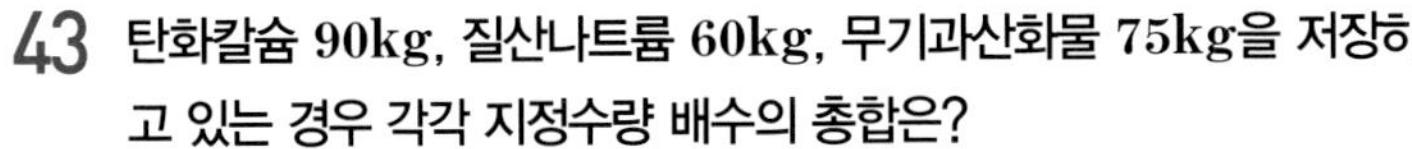

① 1　　② 2
③ 3　　④ 4

44 다음 위험물의 지정수량을 모두 합산한 것은?

> 염소산염류, 브롬산염류, 니트로화합물, 금속의 인화물

① 850kg　　② 1,000kg
③ 1,200kg　　④ 1,350kg

45 위험물의 운반용기 외부에 표시하여야 하는 주의사항에 "가연물접촉주의"가 포함되어 있는 것만을 바르게 나열한 것은?

① 제1류 위험물, 제6류 위험물
② 제2류 위험물, 제4류 위험물
③ 제3류 위험물, 제5류 위험물
④ 제5류 위험물, 제6류 위험물

46 다음은 제5류 위험물의 제조소에 설치하는 주의사항 게시판의 색상 및 표시내용으로 옳은 것은?

① 백색바탕 – 적색문자, "화기엄금"
② 적색바탕 – 백색문자, "화기엄금"
③ 백색바탕 – 청색문자, "물기엄금"
④ 청색바탕 – 백색문자, "물기엄금"

47 위험물을 적재, 운반할 때 빗물의 침투를 방지하기 위하여 방수성이 있는 피복으로 덮어야 하는 것은?

① 이황화탄소　② 과염소산
③ 과산화칼륨　④ 니트로화합물

48 다음 중 요오드값이 큰 것부터 순서대로 나열한 것은?

① 아마인유 > 해바라기기름 > 땅콩기름
② 아마인유 > 땅콩기름 > 해바라기기름
③ 해바라기기름 > 아마인유 > 땅콩기름
④ 해바라기기름 > 땅콩기름 > 아마인유

답안 표기란	
45	① ② ③ ④
46	① ② ③ ④
47	① ② ③ ④
48	① ② ③ ④

49 **다음 2가지 물질을 혼합하였을 때 발화 또는 폭발의 위험성이 가장 낮은 것은?**

① 질산과 이황화탄소
② 금속나트륨과 석유
③ 질산과 에틸알코올
④ 질산나트륨과 유기물

50 **다음 위험물 중 인화점이 가장 높은 것은?**

① 휘발유 ② 아세톤
③ 벤젠 ④ 피리딘

51 **위험물안전관리법령상 위험물의 취급 중 소비에 관한 기준으로 틀린 것은?**

① 버너를 사용하는 경우에는 버너의 역화를 방지하여야 한다.
② 담금질 작업은 위험물이 위험한 온도에 이르지 아니하도록 하여 실시하여야 한다.
③ 분사도장작업은 방화상 유효한 격벽 등으로 구획한 안전한 장소에서 하여야 한다.
④ 반드시 규격용기를 사용하여야 한다.

52 **위험물안전관리법령에서 정한 이황화탄소의 옥외탱크 저장시설에 대한 기준으로 틀린 것은?**

① 벽 및 바닥의 두께가 0.2m 이상이어야 한다.
② 누수가 되지 않는 철근콘크리트의 수조에 넣어 보관하여야 한다.
③ 보유공지 · 통기관 및 자동계량장치는 생략 가능하다.
④ 탱크 주위에는 방유제를 설치하여야 한다.

답안 표기란	
49	① ② ③ ④
50	① ② ③ ④
51	① ② ③ ④
52	① ② ③ ④

53 **위험물안전관리법령상 옥내저장소의 안전거리를 두지 않아도 되는 경우는?**

① 지정수량 20배 미만의 동식물유류
② 지정수량 20배 이상의 제4석유류
③ 제2류 위험물 중 덩어리 상태의 유황
④ 창에 망입유리를 설치하였으며 지정수량의 20배 이하를 저장하는 것

54 **다음 중 물이 접촉되었을 때 위험성이 가장 작은 것은?**

① S ② K
③ MgO_2 ④ CaC_2

55 **위험물안전관리법령에서 정한 품명이 잘못 짝지어진 것은?**

① HCN－제1석유류
② 피크린산－니트로화합물
③ 니트로벤젠－제3석유류
④ TNT－유기과산화물

56 **과산화수소의 성질 및 취급방법으로 틀린 것은?**

① 햇빛에 의하여 분해된다.
② 에탄올에 녹는다.
③ 분해를 막기 위해 인산, 요산 등을 넣어준다.
④ 공기가 통하지 않게 밀전하여 보관한다.

답안 표기란				
53	①	②	③	④
54	①	②	③	④
55	①	②	③	④
56	①	②	③	④

57 **황린에 대한 설명으로 틀린 것은?**

① 백색 또는 담황색의 고체로 증기는 독성이 있다.
② 이황화탄소에 녹는다.
③ 보호액으로 물을 사용한다.
④ 녹는점이 적린과 비슷하다.

58 **염소산칼륨에 대한 설명으로 틀린 것은?**

① 강한 산화제이며 열분해하여 산소를 방출하고 염화칼륨을 생성한다.
② 온수 및 글리세린에 잘 녹지 않으며 냉수에 잘 녹는다.
③ 상온에서 고체이며 불연성 물질이다.
④ 황산과 반응하여 이산화염소를 발생한다.

59 **다음 중 제1류 위험물로만 바르게 나열한 것은?**

① 염소산칼륨, 과염소산나트륨
② 과염소산, 과산화마그네슘
③ 아염소산나트륨, 질산메틸
④ 질산암모늄, 수소화칼륨

60 **제4류 위험물의 품명과 해당하는 위험물의 종류로 바르지 않은 것은?**

① 특수인화물－CS_2, $C_2H_5OC_2H_5$, CH_3CHO
② 제1석유류－HCN, 톨루엔, 휘발유, 아세톤
③ 제2석유류－벤즈알데히드, 벤젠, 스틸렌
④ 동식물유류－건성유, 반건성유, 불건성유

답안 표기란				
57	①	②	③	④
58	①	②	③	④
59	①	②	③	④
60	①	②	③	④

제7회 CBT 기출변형 모의고사

수험번호
수험자명

제한 시간 : 90분 전체 문제 수 : 60 맞힌 문제 수 :

1과목 일반화학

01 일정한 온도하에서 물질 A와 B가 반응을 할 때 A의 농도만 2배로 하면 반응속도가 2배가 되고 B의 농도만 2배로 하면 반응속도가 4배가 된다. 이 경우 반응속도식은? (단, 반응속도 상수는 k이다.)

① $v=k[A][B]^2$　② $v=k[A]^2[B]^2$
③ $v=k[A][B]^{0.5}$　④ $v=k[A][B]$

02 다음 방사선을 투과력이 강한 순서대로 바르게 나열한 것은?

① α선 > β선 > γ선 > X선
② α선 > β선 > X선 > γ선
③ γ선 > X선 > β선 > α선
④ X선 > γ선 > β선 > α선

03 다음 중 전자 배치가 다른 것은?

① F^-　② Ne
③ Mg^+　④ O^{2-}

04 다음 중 전자의 수가 같은 것끼리 짝지어진 것은?

① Ne과 Cl^-　② Mg^+과 Na
③ Cl과 K^+　④ Na^+과 Cl^-

답안 표기란

01	①	②	③	④
02	①	②	③	④
03	①	②	③	④
04	①	②	③	④

05 원자 A가 이온 A^{3+}로 되었을 때의 전자수와 원자번호 n인 원자 B가 이온 B^{-}로 되었을 때 갖는 전자수가 같았다면 A의 원자번호는?

① n−2
② n−1
③ n+2
④ n+4

06 다음과 같은 순서로 작아지는 성질은?

$F_2 > Cl_2 > Br_2 > I_2$

① 구성 원자의 전기음성도
② 녹는점
③ 끓는점
④ 구성 원자의 반지름

07 불꽃 반응에서 주황색을 보이는 금속은?

① Ca
② Sr
③ Cu
④ Cs

08 주양자수가 3일 때 이 속에 포함된 오비탈 수는?

① 4
② 9
③ 16
④ 25

답안 표기란	
05	① ② ③ ④
06	① ② ③ ④
07	① ② ③ ④
08	① ② ③ ④

09 $[OH^-]=1.5\times10^{-5}$M인 어떤 용액의 pH는 얼마인가?

① 11.2 ② 10.2
③ 9.2 ④ 4.8

10 다음 물질 중 산성이 가장 약한 물질은?

① 벤조산 ② 브로민화수소
③ 벤젠술폰산 ④ 염산

11 모두 염기성 산화물로만 나타낸 것은?

① CO_2, SO_3 ② K_2O, Al_2O_3,
③ CaO, Na_2O ④ P_2O_5, SO_2

12 미지 농도의 HCl 용액 200mL를 중화하는 데 0.1N NaOH 용액 300mL가 소모되었다. 이 염산의 농도는 몇 N인가?

① 0.05 ② 0.1
③ 0.15 ④ 0.2

답안 표기란				
09	①	②	③	④
10	①	②	③	④
11	①	②	③	④
12	①	②	③	④

13 다음 작용기 중에서 아세틸기에 해당하는 것은?

① $-C_2H_5$　　② $-COCH_3$
③ $-NH_2$　　④ $-CH_3$

14 은거울 반응을 하는 화합물이 아닌 것은?

① C_2H_5CHO　　② CH_3COCH_3
③ CH_3CHO　　④ $HCHO$

15 벤젠에 대한 설명으로 틀린 것은?

① 벤젠은 물보다 가볍다.
② 정육각형의 평면구조로 120°의 결합각을 갖는다.
③ 일치환체는 이성질체가 없고 이치환체는 3종이 있다.
④ 결합길이는 단일결합보다 짧다.

16 다음 중 헨리의 법칙에 대한 설명으로 틀린 것은?

① 무극성 기체의 경우 헨리의 법칙을 잘 따른다.
② 사이다의 병마개를 따면 거품이 나는 현상과 관련이 있다.
③ 온도가 일정할 때 기체의 용해도는 기체의 부분압력에 비례한다는 법칙이다.
④ 이산화탄소보다 염화수소에 더 잘 적용된다.

답안 표기란	
13	① ② ③ ④
14	① ② ③ ④
15	① ② ③ ④
16	① ② ③ ④

17 PbSO₄의 용해도는 0.05g/L이다. 이 $PbSO_4$의 용해도곱 상수(K_{sp})는? (단, 원자량은 각각 Pb 207, S 32, O 16이다.)

① 2.42×10^{-4} ② 2.52×10^{-6}
③ 2.72×10^{-8} ④ 2.92×10^{-10}

18 산소의 산화수가 나머지 셋과 다른 하나는?

① $KClO_4$ ② H_2O_2
③ BaO_2 ④ NaO_2

19 어떤 기체 A 10g은 27℃에서 부피가 5,000mL, 압력이 1.25atm이다. 이 기체의 분자량(g/mol)은 약 얼마인가? (단, 이상기체로 가정한다.)

① 36 ② 39
③ 42 ④ 45

20 메탄올 48g과 물 63g을 함유한 용액에서 메탄올의 몰분율은 약 얼마인가?

① 0.1 ② 0.15
③ 0.3 ④ 0.45

답안 표기란				
17	①	②	③	④
18	①	②	③	④
19	①	②	③	④
20	①	②	③	④

2과목 화재예방과 소화방법

답안 표기란				
21	①	②	③	④
22	①	②	③	④
23	①	②	③	④
24	①	②	③	④

21 연소의 3요소가 아닌 것은?

① 가연물 ② 소화약제
③ 점화원 ④ 산소공급원

22 자연발화 방지법으로 거리가 먼 것은?

① 통풍을 막는다.
② 열의 축적을 막는다.
③ 습도와 온도를 낮춘다.
④ 불활성 가스를 주입한다.

23 표준상태에서 벤젠 3mol이 완전연소하는 데 필요한 산소 요구량은 몇 L인가?

① 224 ② 504
③ 1,200 ④ 2,400

24 분말소화약제의 착색된 색상으로 옳은 것은?

① $KHCO_3+(NH_2)_2CO$: 담홍색
② $NH_4H_2PO_4$: 청색
③ $KHCO_3$: 담회색
④ $NaHCO_3$: 황색

25 다음 중 A급 화재에도 적응성이 있는 분말소화약제는?

① 제1종　② 제2종
③ 제3종　④ 제4종

26 제1종 분말소화약제의 열분해 반응 시 생성되는 물질이 아닌 것은?

① NH_3　② Na_2CO_3
③ CO_2　④ H_2O

27 다음 중 주된 소화효과가 나머지 셋과 다른 하나는?

① 분말 소화기　② 이산화탄소 소화기
③ 포 소화기　④ 할로겐화합물 소화기

28 물의 특성 및 소화효과에 대한 설명으로 틀린 것은?

① 펌프, 호스 등을 이용하여 이송이 가능하다.
② 이산화탄소보다 비열이 작다.
③ 다량의 물질이 연소하는 A급 화재에 가장 효과적이다.
④ 무상주수 시 질식, 유화효과를 얻을 수 있다.

답안 표기란	
25	① ② ③ ④
26	① ② ③ ④
27	① ② ③ ④
28	① ② ③ ④

29 소화약제 제조 시 사용되는 성분이 아닌 것은?

① C_4F_{10} ② AlP
③ CO_2 ④ K_2CO_3

30 다음 중 수계 소화설비에 포함되지 않는 것은?

① 옥내소화전설비 ② 옥외소화전설비
③ 포소화설비 ④ 이산화탄소소화설비

31 다음 할로겐화합물 중 H를 포함하지 않은 것은?

① Halon 1011 ② Halon 1001
③ Halon 2402 ④ Halon 10001

32 위험물제조소등에 설치하는 전역방출방식의 이산화탄소 소화설비 분사헤드의 방사 압력은 저압식의 경우 몇 MPa 이상이어야 하는가?

① 1.05 ② 1.7
③ 2.1 ④ 2.6

답안 표기란				
29	①	②	③	④
30	①	②	③	④
31	①	②	③	④
32	①	②	③	④

33 **위험물안전관리법령상 이산화탄소 소화약제의 저장용기 설치 기준에 대한 설명으로 옳은 것은?**

① 직사일광이나 빗물에 영향을 받지 않으므로 외부에 설치하여도 된다.
② 온도가 40℃ 이상이어야 한다.
③ 외면에 소화약제의 종류와 양, 제조연도 및 제조자를 표시해야 한다.
④ 온도 변화가 무쌍한 장소에 설치하여야 한다.

34 **다음 소화설비 중 능력단위가 0.5인 것은?**

① 삽 1개를 포함한 마른모래 50L
② 삽 1개를 포함한 마른모래 150L
③ 삽 1개를 포함한 팽창질석 100L
④ 삽 1개를 포함한 팽창질석 160L

35 **피리딘 16,000L에 대한 소화설비의 소요단위는?**

① 2 ② 4
③ 20 ④ 40

36 **위험물제조소에 옥내소화전 설비를 1층에 4개, 2층에 2개, 3층에 2개를 설치하였다. 수원의 양은 몇 m^3 이상이어야 하는가?**

① 7.8 ② 15.6
③ 31.2 ④ 62.4

답안 표기란				
33	①	②	③	④
34	①	②	③	④
35	①	②	③	④
36	①	②	③	④

37 인화점이 38℃ 이상인 제4류 위험물 취급을 주된 작업내용으로 하는 장소에 스프링클러설비를 설치할 경우 확보하여야 하는 1분당 방사밀도는 몇 L/m^2 이상이어야 하는가? (단, 살수기준면적은 $400m^2$이다.)

① 12.2　② 11.8
③ 9.8　④ 8.1

38 다음 위험물의 저장창고에서 화재가 발생하였을 때 주수에 의한 소화가 적절하지 않은 위험물은?

① NaH　② $NaClO_3$
③ $NaNO_3$　④ TNT

39 다음과 같이 반응하였을 때 발생하는 물질(기체)의 종류가 나머지 셋과 다른 하나는?

① 묽은 질산과 칼슘　② 나트륨과 물
③ 칼륨과 물　④ 탄화칼슘과 물

40 제6류 위험물에 적응성이 없는 소화설비는?

① 옥내소화전설비　② 옥외소화전설비
③ 팽창질석　④ 할로겐화합물소화기

답안 표기란	
37	① ② ③ ④
38	① ② ③ ④
39	① ② ③ ④
40	① ② ③ ④

3과목 위험물의 성질과 취급

답안 표기란	
41	① ② ③ ④
42	① ② ③ ④
43	① ② ③ ④
44	① ② ③ ④

41 **다음 물질을 적셔서 얻은 헝겊을 대량으로 쌓아 두었을 경우 자연발화의 위험성이 가장 큰 것은?**

① 면실유 ② 들기름
③ 올리브유 ④ 참기름

42 **위험물안전관리법령에 근거한 위험물 운반 및 수납 시 주의사항에 대한 설명 중 틀린 것은?**

① 액체 위험물은 운반용기 내용적의 98% 이하의 수납률로 수납하되 55℃의 온도에서 누설되지 아니하도록 충분한 공간 용적을 유지하도록 하여야 한다.
② 알킬리튬, 알킬알루미늄은 운반용기 내용적의 80% 이하의 수납률로 수납하되 50℃의 온도에서 5% 이상의 공간용적을 유지하도록 하여야 한다.
③ 고체 위험물은 운반용기 내용적의 95% 이하의 수납률로 수납하여야 한다.
④ 온도변화 등에 의해 위험물로부터 가스가 발생하여 운반용기 안의 압력이 상승할 우려가 있을 경우 배출구를 설치한 운반용기에 수납한다.

43 **위험물안전관리법령상 지정수량이 나머지 셋과 다른 하나는?**

① 황화린 ② 적린
③ 철분 ④ 마그네슘

44 **다음 위험물의 지정수량을 모두 합산한 것은?**

> 브롬산염류, 금속분, 히드록실아민, 니트로화합물

① 900kg ② 1,000kg
③ 1,100kg ④ 1,200kg

45 **위험물 운반용기 외부표시의 주의사항으로 틀린 것은?**

① 제2류 위험물 중 인화성고체 : 화기엄금
② 제3류 위험물 중 금수성물질 : 물기엄금
③ 제5류 위험물 : 화기엄금, 충격주의
④ 제6류 위험물 : 물기엄금

46 **다음 중 게시판의 색상과 주의사항이 바르게 연결된 것은?**

① "화기엄금", 백색바탕 – 적색문자
② "화기주의", 적색바탕 – 백색문자
③ "물기엄금", 백색바탕 – 청색문자
④ "주유중엔진정지", 흑색바탕 – 황색문자

47 **위험물을 적재, 운반할 때 방수성 덮개를 하지 않아도 되는 것은?**

① 제1류 위험물 중 알칼리금속의 과산화물
② 제2류 위험물 중 철분 · 금속분 · 마그네슘
③ 제3류 위험물 중 금수성물질
④ 제4류 위험물

48 **자연발화가 일어나는 물질과 대표적인 에너지원의 관계로 옳지 않은 것은?**

① 셀룰로이드 – 분해열에 의한 발열
② 먼지 – 잠열에 의한 발열
③ 퇴비 – 미생물에 의한 발열
④ 활성탄 – 흡착열에 의한 발열

답안 표기란	
45	① ② ③ ④
46	① ② ③ ④
47	① ② ③ ④
48	① ② ③ ④

49 **위험물안전관리법령상 틀린 설명은?**

① 이동저장탱크부터 위험물을 저장 또는 취급하는 탱크에 인화점이 40℃ 미만인 위험물을 주입할 때에는 이동탱크저장소의 원동기를 정지시킬 것
② 주유취급소에서 고정주유설비는 도로경계선과 4m 이상의 거리를 유지할 것
③ 탱크의 점검 및 보수에 지장이 없는 경우, 옥내탱크저장소에서 탱크 상호 간에는 1m 이상의 간격을 유지할 것
④ 제4석유류를 저장하는 옥내탱크 저장소의 옥내저장탱크 용량은 지정수량의 40배 이하일 것

50 **다음 위험물 중 인화점이 가장 높은 것은?**

① CH_3OH　　② CS_2
③ CH_3COCH_3　　④ $C_2H_5OC_2H_5$

51 **위험물안전관리자를 선임한 제조소등의 관계인은 그 안전관리자를 해임하거나 안전관리자가 퇴직한 때에는 해임하거나 퇴직한 날부터 며칠 이내에 다시 안전관리자를 선임하여야 하는가?**

① 10일　　② 15일
③ 20일　　④ 30일

52 **위험물안전관리법령상 옥외저장소에 저장할 수 없는 위험물은? (단, 국제해상위험물규칙에 적합한 용기에 수납된 위험물인 경우를 제외한다.)**

① 질산　　② 유황
③ 제3석유류　　④ 유기과산화물

답안 표기란

49	①	②	③	④
50	①	②	③	④
51	①	②	③	④
52	①	②	③	④

53 위험물안전관리법령상 옥내저장소의 안전거리를 두지 않아도 되는 경우는?

① 제1류 위험물 일반취급소
② 제3류 위험물 옥내저장소
③ 제4류 위험물 일반취급소
④ 제6류 위험물 제조소

답안 표기란				
53	①	②	③	④
54	①	②	③	④
55	①	②	③	④
56	①	②	③	④

54 다음 중 물이 접촉되었을 때 위험성이 가장 큰 것은?

① 과산화칼륨
② 과염소산칼륨
③ 과산화바륨
④ 과염소산나트륨

55 다음 중 연소범위가 가장 넓은 위험물은?

① 메탄올
② 휘발유
③ 에틸알코올
④ 톨루엔

56 위험물안전관리법령상 이동저장탱크에 저장할 때 불활성 기체를 봉입해야 하는 위험물이 아닌 것은?

① 아세트알데히드
② 산화프로필렌
③ 알킬알루미늄
④ 아세톤

답안 표기란				
57	①	②	③	④
58	①	②	③	④
59	①	②	③	④
60	①	②	③	④

57 적린과 황린을 비교한 내용으로 틀린 것은?

① 적린과 황린 모두 화재발생 시 물을 이용한 소화가 가능하다.
② 적린과 황린 모두 연소 시 P_2O_5의 흰 연기가 생긴다.
③ 적린은 이황화탄소(CS_2)에 녹지만 황린은 녹지 않는다.
④ 적린은 냄새가 없는 암적색의 분말이고 황린은 마늘과 비슷한 냄새가 나는 담황색의 고체이다.

58 과산화수소의 성질에 대한 설명으로 옳은 것은?

① 에테르에 녹지 않으며 벤젠에 잘 녹는다.
② 분해 방지를 위해 암모니아를 가한다.
③ 산화제이지만 환원제로서 작용하는 경우도 있다.
④ 비중이 1보다 작아 물보다 가볍다.

59 제1류 위험물의 일반적인 성질로 옳은 것은?

① 분해하여 방출된 산소에 의해 자체 연소한다.
② 산화성 물질이며 다른 물질을 산화시킨다.
③ 유기화합물들이다.
④ 대부분 물보다 비중이 작다.

60 제6류 위험물에 대한 설명으로 틀린 것은?

① 제6류 위험물인 과산화수소는 농도에 따라 밀도, 끓는점, 녹는점이 달라진다.
② 위험물제조소에는 “물기엄금” 및 “화기엄금” 주의사항을 표시한 게시판을 반드시 설치해야 한다.
③ 가연성 물질과의 접촉을 피한다.
④ 산화성 액체이며 자기 자신은 모두 불연성인 물질들이 해당된다.

PART 2

정답 및 해설

INDUSTRIAL
ENGINEER
HAZARDOUS
MATERIAL

제1회
CBT
기출변형 모의고사
정답 및 해설

1과목 일반화학

01	②	02	④	03	④	04	④	05	②
06	③	07	①	08	④	09	①	10	③
11	①	12	②	13	③	14	③	15	①
16	④	17	②	18	①	19	③	20	③

2과목 화재예방과 소화방법

21	④	22	①	23	④	24	②	25	④
26	②	27	④	28	④	29	②	30	①
31	②	32	②	33	②	34	②	35	④
36	①	37	③	38	②	39	②	40	③

3과목 위험물의 성질과 취급

41	①	42	①	43	④	44	③	45	②
46	④	47	③	48	①	49	③	50	①
51	②	52	④	53	②	54	①	55	②
56	③	57	①	58	②	59	①	60	④

1과목 일반화학

01 정답 ②

압력을 감소시키면 반응물과 생성물 중 분자수가 증가하는 방향으로 반응이 일어난다. 반응물의 몰수는 3몰, 생성물의 몰수는 2몰이므로 압력이 높아지는 쪽, 즉 왼쪽으로 반응이 진행된다.

02 정답 ④

화학반응속도를 증가시키려면 온도를 높이거나 정촉매를 가하거나 반응물의 농도를 높이거나 반응물의 표면적을 크게 하는 방법 등이 있다.

03 정답 ④

감마선은 투과력이 매우 강하고 자기장에 의해 휘어지지 않는다. 또한 질량이 없고 전하를 띠지 않는다.

방사선 종류

- α선 : 종이로도 막을 수 있을 만큼 투과력이 약함
- β선 : 음극선과 비슷하나 고에너지를 가짐(빨리 움직임)
- γ선 : 투과력이 매우 강하며 자기장에 영향을 받지 않음

04 정답 ④

- Ar : 2/8/8
- O^{2-} : O(2/6) → O^{2-}(2/8)

① Ca^{2+} : Ca(2/8/8/2) → Ca^{2+}(2/8/8)
② K^{+} : K(2/8/8/1) → K^{+}(2/8/8)
③ Cl^{-} : Cl(2/8/7) → Cl^{-}(2/8/8)

05 정답 ②

Al^{3+} : Al(2/8/3) → Al^{3+}(2/8)

06 정답 ③

원자번호 12인 마그네슘은 2족 원소이며, 12−8=4(번), 12+8=20(번), 20+18=38(번) 등이 같은 족에 속한다.

07 정답 ①

알칼리 금속의 반응성은 $Li<Na<K<Rb<Cs$순서이다.

08 정답 ④

17족에 해당하는 할로겐 원소는 수소와 잘 반응하여 할로겐화수소를 생성한다.

09 정답 ①

비공유 전자쌍은 BF_3에는 없고 NH_3에는 있다.

10 정답 ③

$pH+pOH=14$이므로
$pH=10$이면 $pOH=4$, $[OH^-]=10^{-4}$
$pH=8$이면 $pOH=6$, $[OH^-]=10^{-6}$
$10^{-4}\div10^{-6}=10^2$(배)

11 정답 ①

HNO_3(질산)은 강산이므로 수용액에서 가장 강한 산성을 나타낸다. 나머지는 모두 약산이다.

12 정답 ②

다염기산의 산성을 나타내는 수소의 일부가 금속으로 치환된 형식의 염을 산성염이라 하는데 $NaHSO_4$, $NaHCO_3$, $Ca(HCO_3)_2$, Na_2HPO_4, NaH_2PO_4 등이 있다.

13 정답 ③

$N_1V_1=N_2V_2$이므로
$x\times150mL=1.5N\times80mL$
$\therefore x=0.8N$

14 정답 ③

2차 알코올은 $-OH$기가 붙어있는 탄소에 결합하고 있는 탄소의 수가 2개라는 뜻이다.
① 1차
② 1차
④ 3차

알코올의 분류 기준

- 1차 · 2차 · 3차 : $-OH$기가 붙은 탄소에 결합한 알킬기의 개수

1차 알코올	2차 알코올	3차 알코올
1개	2개	3개

- 1가 · 2가 · 3가 : 한 분자에 포함된 $-OH$기의 개수

1가 알코올	2가 알코올	3가 알코올
1개	2개	3개

15 정답 ①

정색반응은 페놀기($-OH$)가 $FeCl_3$과 반응하여 보라색이 되는 반응을 말한다. 크레졸은 페놀류이기에 정색반응이 일어난다.
② 아스피린
③ 벤질알코올
④ 아닐린

16 정답 ④

$PdCl_2$ 촉매 하에 에틸렌(C_2H_4)을 산화시키면 주로 CH_3CHO(아세트알데히드)가 생성된다.

에틸렌의 산화반응

$C_2H_4+H_2O+PdCl_2\rightarrow CH_3CHO+Pd+2HCl$

17 정답 ②

패러데이의 법칙은 전극에서 유리된 화학물질의 무게가 전지를 통하여 사용된 전류의 양에 정비례하고 또한 주어진 전류량에 의하여 생성된 물질의 무게는 그 물질의 당량에 비례한다는 화학법칙이다.
① 라울의 법칙
③ 아보가드로 법칙
④ 르 샤틀리에의 원리

18 정답 ①

$MgF_2 \rightarrow Mg^{2+} + 2F^-$이므로
$K_{sp} = [Mg^{2+}][F^-]^2$
Mg^{2+}의 농도를 x라 하면 F^-의 농도는 $2x$이므로
$K_{sp} = x \times (2x)^2 = 4x^3$, $x = 2.6 \times 10^{-4}$라 하였으므로
$K_{sp} = 4 \times (2.6 \times 10^{-4})^3 = 7.03 \times 10^{-11}$

19 정답 ③

I_2는 수소를 얻었으므로 환원되었다.
① HCl은 수소를 잃고 산화되었다.
② Cu는 산화수가 증가하여 산화되었다.
④ Zn은 산소를 얻고 산화되었다.

20 정답 ③

표준상태는 1atm, 0℃이므로 이상기체 상태방정식에 의하면
P=1atm
V=0.85L
R=0.082atm · L/mol · K
T=273K
w=1.85g

$$M = \frac{wRT}{PV} = \frac{1.85 \times 0.082 \times 273}{1 \times 0.85} = 48.7$$, 즉 약 49이다.

2과목 화재예방과 소화방법

21 정답 ④

코크스, 목탄, 금속 등은 표면연소에 해당하고 석탄은 분해연소에 해당한다.

고체의 연소

- **표면연소** : 목탄(숯), 코크스, 금속분
- **분해연소** : 석탄, 목재, 종이, 플라스틱, 중유 등
- **증발연소** : 나프탈렌, 유황, 파라핀(양초), 장뇌, 왁스, 메탄올 등
- **자기연소** : 제5류 위험물(TNT, 니트로셀룰로오스, 피크르산 등)

22 정답 ①

가연물이 되려면 열전도율이 낮아야 한다.

가연물의 조건

- 표면적이 클 것
- 연소열량이 클 것
- 산소와 친화력이 클 것
- 화학적 활성이 강할 것
- 열전도율이 낮을 것
- 활성화 에너지가 작을 것
- 연쇄반응을 일으킬 수 있을 것

23 정답 ④

기화 시에는 발열반응이 아닌 흡열반응이 일어나므로 증발열(기화열)은 자연발화의 원인으로 보기 어렵다.

자연발화의 원인

- **산화열에 의한 발화** : 석탄, 고무분말, 건성유 등
- **분해열에 의한 발화** : 셀룰로이드, 니트로셀룰로오스 등
- **흡착열에 의한 발화** : 목탄분말, 활성탄 등
- **미생물에 의한 발화** : 혐기성 미생물 등

24 정답 ②

제1종 분말소화약제의 반응식은 다음과 같다.
$2NaHCO_3 \rightarrow Na_2CO_3 + CO_2 + H_2O$
탄산수소나트륨($NaHCO_3$)과 탄산가스(CO_2)의 몰수비가 2 : 1이므로 부피비 역시 2 : 1이 되어, 탄산가스 $5m^3$가 생성되었으면, 탄산수소나트륨은 $10m^3$이 사용되었음을 알 수 있다. 이상기체상태 방정식을 이용하면

$$w = \frac{PVM}{RT} = \frac{1 \times 10 \times 84}{0.082 \times 273} = 37.52$$

기체 반응의 법칙

기체 사이에서 화학반응이 일어날 때 같은 온도와 같은 압력에서 반응하는 기체와 생성되는 기체의 부피 사이에는 간단한 정수비가 성립한다. 그러므로 화학반응식에서 '계수비=몰수비=부피비'가 성립된다고 볼 수 있다.

25 정답 ④

분말소화약제 중 ABC급 화재 모두에 소화효과가 있는 분말은 제3종 분말로, 착색은 담홍색이다. 나머지 백색(제1종 분말), 회색(제4종 분말), 담회색(제2종 분말) 분말소화약제는 A급 화재에는 소화효과가 없다.

분말 소화약제

구분	내용
제1종	• 주성분 : $NaHCO_3$(탄산수소나트륨) • 착색 : 백색 • 적응화재 : B, C
	$2NaHCO_3 \rightarrow Na_2CO_3 + CO_2 + H_2O$
제2종	• 주성분 : $KHCO_3$(탄산수소칼륨) • 착색 : 담회색 • 적응화재 : B, C
	$2KHCO_3 \rightarrow K_2CO_3 + CO_2 + H_2O$
제3종	• 주성분 : $NH_4H_2PO_4$(제1인산암모늄) • 착색 : 담홍색 • 적응화재 : A, B, C
	$NH_4H_2PO_4 \rightarrow HPO_3 + NH_3 + H_2O$
제4종	• 주성분 : $2KHCO_3 + (NH_2)_2CO$(탄산수소칼륨+요소) • 착색 : 회색 • 적응화재 : B, C
	$2KHCO_3 + (NH_2)_2CO$ $\rightarrow K_2CO_3 + 2NH_3 + 2CO_2$

26 정답 ②

제3종 분말소화약제는 주성분인 $NH_4H_2PO_4$가 열분해되어 메타인산이 생성되고, 일반화재(A급), 유류화재(B급), 전기화재(C급)에 모두 사용할 수 있다. 반응에 요소가 필요한 것은 제4종 분말소화약제이다.

분말소화약제별 주성분

종별	주성분
제1종 분말	$NaHCO_3$(탄산수소나트륨)
제2종 분말	$KHCO_3$(탄산수소칼륨)
제3종 분말	$NH_4H_2PO_4$(제1인산암모늄)
제4종 분말	$2KHCO_3 + (NH_2)_2CO$(탄산수소칼륨+요소)

27 정답 ④

가연물의 온도를 낮추는 것은 냉각효과이다.

소화효과와 소화 방법

- **냉각소화** : 가연물의 온도를 낮추어 소화(예 물)
- **질식소화** : 산소 농도를 낮추어(산소공급원 제거) 소화(예 이산화탄소, 포, 분말)
- **제거소화** : 가연물을 제거하여 소화(예 가스 밸브 잠금, 촛불을 입으로 불어 끔)
- **억제소화** : 연소의 연쇄반응을 차단하여 소화(예 할로겐화합물)

28 정답 ④

할론 1211 소화약제는 할로겐화합물 소화약제로, 연소 연쇄반응을 차단하는 억제효과가 주된 소화효과이다.

29 정답 ②

이산화탄소는 공기보다 약 1.52배 정도 무겁다.

이산화탄소의 특성

- 무색, 무취의 기체
- 공기보다 약 1.5배 정도 무거움
- 임계온도는 약 31℃, 비중(공기 1)은 1.529
- 불활성 기체로 비교적 안정성이 높음
- 비전도성 불연성 가스이며 냉각, 압축에 의해 액화됨
- 저온으로 고체화되면 드라이아이스라 불림
- 물에 용해 시 탄산(H_2CO_3)이 생성되므로 약산성을 띔

30 정답 ①

불활성가스 소화약제는 다음과 같다.

- IG−100 : N_2(100%)
- IG−55 : N_2(50%)+Ar(50%)
- IG−541 : N_2(52%)+Ar(40%)+CO_2(8%)

31 정답 ②

물분무 소화설비는 스프링클러헤드로부터 방사되는 물방울

PART 2 정답 및 해설

의 1/5~1/2 정도로 작은 물방울을 물안개 형태로 방사하는 소화설비로, 스프링클러는 물분무등 소화설비에 포함되지 않는다. 물분무 설비에 포함되는 설비로는 물분무 소화설비, 포소화설비, 불활성가스 소화설비, 할로겐화합물 소화설비, 분말 소화설비 등이 있다.

스프링클러설비

주로 천장에 설치된 자동살수장치로, 화재를 감지하면 압력수 또는 압축공기가 방출되어 물이 방수되는 소화설비이다.

장점	단점
• 초기화재 진화에 효과적임 • 사람의 조작 없이 자동으로 작동 가능함 • 소화약제의 비용이 절감됨 • 제5류 위험물에 적응성이 있음	• 시공이 타 설비보다 복잡함 • 초기 설치비가 많이 듦 • 제1류 위험물 중 알칼리금속과산화물에는 적응성이 없음

32 정답 ②

Halon 번호는 앞에서부터 C－F－Cl－Br－I의 개수를 나타낸다. Halon 1301은

C	F	Cl	Br
1	3	0	1

이 되어 CF_3Br을 나타낸다. 그러므로 Cl을 포함하고 있지 않다.

① Halon 1211－CF_2ClBr

③ Halon 1011－CH_2ClBr

④ Halon 104－CCl_4

33 정답 ②

온도 21℃에서 축압식저장용기등의 질소가스 축압은 다음과 같다.

- 하론1211 : 1.1MPa 또는 2.5MPa
- 하론1301, HFC－227ea, FK－5－1－12 : 2.5MPa 또는 4.2MPa

34 정답 ②

불활성가스소화설비 저장용기에는 용기밸브에 설치되어 있는 것을 포함하여 안전장치를 설치해야 한다.

35 정답 ④

소화설비	용량	능력단위
소화전용 물통	8L	0.3
마른 모래＋삽 1개	50L	0.5
팽창질석 또는 팽창진주암＋삽 1개	160L	1.0
수조＋물통 3개	80L	1.5
수조＋물통 6개	190L	2.5

36 정답 ①

동식물유류의 지정수량은 10,000L

위험물의 1소요단위＝지정수량×10

$\therefore \frac{500,000}{10,000\times 10}$＝5소요단위

37 정답 ③

설치된 옥외소화전 개수×$13.5m^3$

$2\times 13.5 = 27m^3$

수원의 수량

- **옥내소화전** : 가장 많이 설치된 층의 옥내소화전 개수×$7.8m^3$(단, 5개 이상인 경우는 5개로 계산)
- **옥외소화전** : 설치된 옥외소화전 개수×$13.5m^3$(단, 4개 이상인 경우는 4개로 계산)

38 정답 ②

제3석유류는 인화점 70℃ 이상 200℃ 미만의 물질이고, 살수기준면적은 벽 및 바닥으로 구획된 하나의 실의 바닥면적을 기준($350m^2$)으로 하므로 279 이상 372 미만에 해당하는 11.8 이상이다. 스프링클러의 살수기준면적별 방사밀도는 다음과 같다.

살수기준면적 (m^2)	방사밀도(L/m^2)	
	인화점 38℃ 미만	인화점 38℃ 이상
279 미만	16.3 이상	12.2 이상

279 이상 372 미만	15.5 이상	11.8 이상
372 이상 465 미만	13.9 이상	9.8 이상
465 이상	12.2 이상	8.1 이상

※ 살수기준면적은 내화구조의 벽 및 바닥으로 구획된 하나의 실의 바닥면적을 말하고, 하나의 실의 바닥면적이 465m² 이상인 경우의 살수기준면적은 465m²로 한다.

39 정답 ②

Na_2O_2는 물과 격렬하게 반응하여 열과 산소를 발생시키므로, 주수소화가 부적당하다.

40 정답 ③

포 소화설비는 전기설비 화재에 사용할 수 없다.

전기설비 화재

- **사용가능** : 물분무소화설비, 분말 소화설비(탄산수소염류, 인산염류), 무상수 소화기, 무상강화액 소화기, 이산화탄소 소화기, 할로겐화합물 소화기 등
- **사용불가능** : 포소화설비, 봉상수 소화기, 봉상강화액 소화기 등

3과목 위험물의 성질과 취급

41 정답 ①

제4류 위험물은 제2류, 제3류, 제5류 위험물과 혼재 가능하다.

혼재가능 위험물

제1류	제2류	제3류
제6류	제4류, 제5류	제4류
제4류	**제5류**	**제6류**
제2류, 제3류, 제5류	제2류, 제4류	제1류

42 정답 ①

밑면이 원형인 종형 탱크의 내용적 구하는 공식은 $\pi r^2 l$이다.

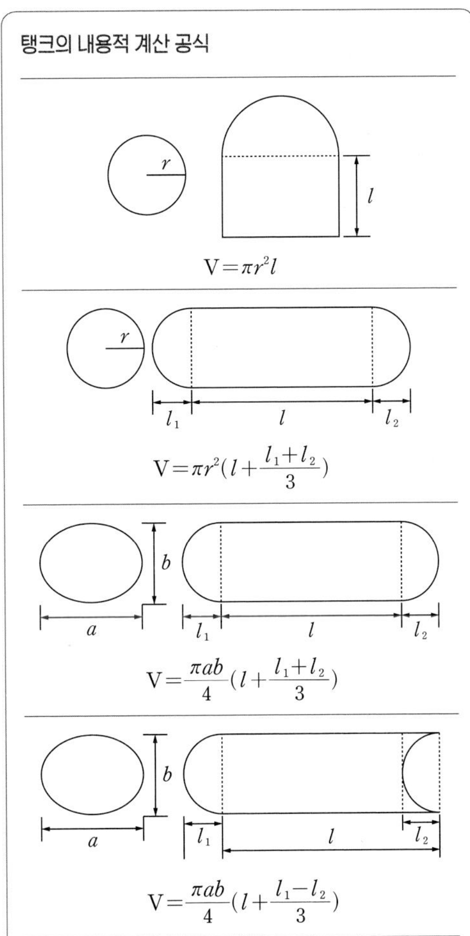

43 정답 ④

위험물의 운반용기 외부에는 품명, 위험등급, 화학명, 수용성, 수량, 주의사항을 표시해야 한다.

운반용기 외부 표시사항

- 위험물의 품명
- 위험물의 위험등급
- 화학명 및 수용성(수용성 표시는 제4류 위험물로서 수용성인 것에 한함)
- 위험물의 수량
- 수납하는 위험물에 따라 규정에 의한 주의사항

44 정답 ③

메탄올, 포름산메틸, 아세톤의 지정수량은 모두 400L이고 톨루엔의 지정수량은 200L이다.

45 정답 ②

적린의 지정수량은 100kg이다.

46 정답 ④

제5류 위험물에는 “화기엄금”, “충격주의”가 표시되어야 한다.

47 정답 ③

위험물을 취급하는 건축물 및 그 밖의 시설 주위에는 취급하는 위험물에 최대수량에 따라 다음과 같은 보유공지의 너비를 가져야 한다.

- **지정수량의 10배 이하** : 3m 이상
- **지정수량의 10배 초과** : 5m 이상

48 정답 ①

과염소산은 제6류 위험물로, 적재 시 차광성이 있는 피복으로 가려야 할 위험물이다.

② 제4류 위험물 중 제1석유류
③ 제4류 위험물 중 제1석유류
④ 제2류 위험물

유별 운반 시 덮개 종류

<table>
<tr><td rowspan="2">제1류</td><td>알칼리금속의 과산화물</td><td>방수성,
차광성</td></tr>
<tr><td>그 외</td><td>차광성</td></tr>
<tr><td rowspan="3">제2류</td><td>철분 · 금속분 · 마그네슘</td><td>방수성</td></tr>
<tr><td>인화성고체</td><td></td></tr>
<tr><td>그 외</td><td></td></tr>
<tr><td rowspan="2">제3류</td><td>자연발화성물질</td><td>차광성</td></tr>
<tr><td>금수성물질</td><td>방수성</td></tr>
<tr><td rowspan="2">제4류</td><td>특수인화물</td><td>차광성</td></tr>
<tr><td>그 외</td><td></td></tr>
<tr><td colspan="2">제5류</td><td>차광성</td></tr>
<tr><td colspan="2">제6류</td><td>차광성</td></tr>
</table>

49 정답 ③

자연발화는 주위 온도나 습도가 높고, 열전도율은 낮으며 표면적이 넓을 때 잘 일어난다. 그러므로 자연발화의 위험성이 낮은 장소는 습도와 온도 모두 낮은 곳이다.

자연발화 조건

- 주위 습도가 높을 것
- 주위 온도가 높을 것
- 발열량이 클 것
- 표면적이 넓을 것
- 열전도율이 낮을 것

50 정답 ①

운반용기는 수납구를 위로 향하게 적재해야 한다.

51 정답 ②

$C_6H_5CH_3$(톨루엔)은 인화점이 4℃로 가장 낮다.

① $C_6H_5NH_2$(아닐린) : 75℃
③ $C_6H_5NO_2$(니트로벤젠) : 88℃
④ $C_6H_5CHCH_2$(스타이렌) : 31℃

52 정답 ④

벽 · 기둥 · 바닥 · 보 · 서까래 및 계단을 불연재료로 하고, 연소(延燒)의 우려가 있는 외벽은 출입구 외의 개구부가 없는 내화구조의 벽으로 하여야 한다.

53 정답 ②

위험물제조소는 병원으로부터 30m 이상의 안전거리를 두어야 한다.

54 정답 ①

탄화칼슘과 물의 반응식은 다음과 같다.
$CaC_2+2H_2O \rightarrow Ca(OH)_2+C_2H_2\uparrow$
즉, 탄화칼슘과 물이 반응하면 수산화칼슘과 아세틸렌이 생성됨을 알 수 있다.

55 정답 ②

염소산나트륨은 철을 부식시키므로 철제용기가 아닌 유리용기에 저장해야 한다.

염소산나트륨의 성질

- 조해성이 강해 저장용기를 밀전한다.
- 철을 부식시키므로 유리용기에 저장한다.
- 황, 목탄, 유기물 등과 혼합한 것은 위험하다.
- 무색 결정이며 주수소화 가능하다.
- 강산과 혼합하면 폭발할 수 있다.
- 산화력이 강하다.
- 산과 반응하여 이산화염소를 발생시킨다.

56 정답 ③

아세톤의 연소범위는 약 2.5~12.8%이다.
① **아세트알데히드** : 4~60%
② **산화프로필렌** : 1.9~36%
④ **디에틸에테르** : 1.9~48%

57 정답 ①

황린과 황의 연소반응식은 각각 다음과 같다.
- **황린** : $P_4+5O_2 \rightarrow 2P_2O_5$
- **황** : $S+O_2 \rightarrow SO_2$

황, 황린, 적린, 황화린의 연소반응식

구분	반응식
황	$S+O_2 \rightarrow SO_2$
황린	$P_4+5O_2 \rightarrow 2P_2O_5$
적린	$4P+5O_2 \rightarrow 2P_2O_5$
삼황화린	$P_4S_3+8O_2 \rightarrow 3SO_2+2P_2O_5$
오황화린	$2P_2S_5+15O_2 \rightarrow 10SO_2+2P_2O_5$
칠황화린	$P_4S_7+12O_2 \rightarrow 7SO_2+2P_2O_5$

58 정답 ②

마그네슘의 연소반응식은 다음과 같다.
$2Mg+O_2 \rightarrow 2MgO$
그러므로 가연성의 가스가 발생하는 것이 아니라 산화마그네슘이라는 고체가 생성된다.
① $Mg+CO_2 \rightarrow MgO+CO$(유독성 가스)
③ 습기와 반응하며 온도가 높아져 자연발화의 위험이 있다.
④ $Mg+2H_2O \rightarrow Mg(OH)_2+H_2$

59 정답 ①

햇빛에 의해 갈색 연기를 내며 분해할 위험이 있으므로 갈색병에 보관한다.

60 정답 ④

유황과 황화린은 모두 제2류 위험물이다.
① **황린** : 제3류 위험물
　적린 : 제2류 위험물
② **나트륨** : 제3류 위험물
　마그네슘 : 제2류 위험물
③ **질산** : 제6류 위험물
　질산메틸 : 제5류 위험물

제2류 위험물 품명

황화린, 적린, 유황, 철분, 금속분, 마그네슘, 그 밖에 행정안부령으로 정하는 것

1과목 일반화학

01	②	02	①	03	②	04	④	05	①
06	②	07	①	08	④	09	①	10	④
11	③	12	②	13	④	14	①	15	④
16	③	17	①	18	③	19	④	20	②

2과목 화재예방과 소화방법

21	④	22	②	23	③	24	①	25	②
26	②	27	④	28	③	29	③	30	④
31	④	32	②	33	④	34	④	35	④
36	①	37	②	38	③	39	④	40	①

3과목 위험물의 성질과 취급

41	③	42	②	43	②	44	④	45	④
46	③	47	②	48	④	49	③	50	③
51	③	52	①	53	①	54	②	55	④
56	④	57	④	58	①	59	②	60	①

1과목 일반화학

01 정답 ②

반응물은 4몰, 생성물은 2몰이므로 압력을 증가시키면 오른쪽으로 반응이 진행된다. 주어진 반응은 발열반응이므로 반응을 오른쪽으로 진행시키려면 온도를 감소시켜야 한다.

02 정답 ①

그레이엄의 확산 속도 법칙에 의하면 기체 확산 속도는 기체의 분자량의 제곱근에 반비례한다.

$$\frac{v_A}{v_B}=\sqrt{\frac{M_B}{M_A}}$$

$$\frac{3}{1}=\sqrt{\frac{36}{M_A}}$$

$$9=\frac{36}{M_A}$$

$$\therefore M_A=4$$

03 정답 ②

$^{9}_{4}Be+^{4}_{2}He \rightarrow (^{12}_{6}C)+^{1}_{0}n$

원자번호는 6이다.

04 정답 ④

최외각전자가 5개인 원소를 찾으면 된다.

- N : $1s^2 2s^2 2p^3$
- P : $1s^2 2s^2 2p^6 3s^2 3p^3$

05 정답 ①

구분	Na	Na^+
양성자수	11	11
전자수	11	10
질량수	23	23
중성자수	12	12

원자의 구조

- 질량수 = 양성자수 + 중성자수
- 원자번호 = 양성자의 수 = 전자의 수

06 정답 ②

Ne은 10개의 전자수를 갖는다. MgO은 12개의 전자를 가졌던 Mg이 양이온이 되면서 전자 2개를 내놓고, 8개의 전자를 가졌던 O가 음이온이 되면서 전자 2개를 받았으므로 모두 Ne과 같은 10개의 전자수를 갖는다.

07 정답 ①

같은 주기에서 왼쪽일수록 금속성이 크고, 오른쪽일수록 비금속성이 큰데, 왼쪽에 위치할수록 양이온이 되기 쉽다.

08 정답 ④

할로젠 원소의 전기음성도는 F>Cl>Br>I이므로 전기음성도가 가장 약한 I가 수소와의 반응성이 가장 낮다.

09 정답 ①

HCl은 비공유 전자쌍이 3개이다.

H:C̈l: (HCl)	H:Ö: / H (물)
3개	2개
H:N̈:H / H (암모니아)	H / H:C:H / H (메테인)
1개	0개

10 정답 ④

건강한 사람의 혈액의 pH는 약 7.4 전후이다.

지시약 변화

구분	산성	중성	염기성
리트머스	푸름 → 붉음		붉음 → 푸름
메틸 오렌지	빨강	주황/노랑	노랑
페놀프탈레인	무색	무색	붉음
BTB 용액	노랑	초록	파랑

11 정답 ③

pH+pOH=14이므로

pH=8이면 pOH=6, $[OH^-]=10^{-6}$

즉, 1L에 OH^-이온이 10^{-6}몰 존재하므로 100mL에는 10^{-7}몰 존재한다. 이때 OH^-이온과 Na^+이온은 1 : 1로 결합되어 있으므로 Na^+이온 역시 10^{-7}몰 존재한다.

그러므로 $6.02 \times 10^{23} \times 10^{-7} = 6.02 \times 10^{16}$(개)

12 정답 ②

NH_4Cl은 산성염에 해당한다.

13 정답 ④

이성질체는 분자를 구성하는 원소의 종류와 개수가 같아야 한다.

이성질체

분자식은 같으나 분자 내에 있는 구성 원자의 연결 방식이나 공간 배열이 동일하지 않은 화합물

- **구조 이성질체** : 분자식은 같으나 구조가 달라(원자의 연결 상태), 물리적 · 화학적 성질이 다르게 나타남

  예 헥산(C_6H_{14})

C－C－C－C－C－C	
C－C(－C)－C－C－C	C－C－C(－C)－C－C
C－C(－C)－C(－C)－C	C－C(－C)(－C)－C－C

- **기하 이성질체** : 이중결합을 중심으로 분자 내의 원자 또는 원자단의 상대적 위치 차이가 있는 이성질체

  예 $C_2H_2Cl_2$

H, H / C=C / Cl, Cl	H, Cl / C=C / Cl, H	H, Cl / C=C / H, Cl
시스형	트랜스형	1,1－dichloroethene

14 정답 ①

1차 알코올이 산화되면 알데히드를 거쳐 카르복시산이 되고, 2차 알코올이 산화되면 케톤이 된다.

15 정답 ④

탄소가 5개인 이중결합이므로 펜텐이며, 결합을 가진 탄소가 2번째에 있으므로 2－펜텐이다.

16 정답 ③

벤젠과 CH_3Cl을 반응시켜 톨루엔을 만드는 반응을 프리델－크래프츠 반응이라 하는데, 이때 $AlCl_3$가 대표적인 촉매로 쓰인다.

17 정답 ①

미립자가 분산되어 있을 때 빛을 조사하면 광선이 산란되어 옆 방향에서 보면 광선의 통로가 밝게 나타나는 빛의 산란 현상을 틴들현상이라 한다.

② 액체나 기체 안에서 미소 입자가 불규칙적으로 계속 움직이는 것
③ 반투막을 이용하여 콜로이드 입자를 전해질이나 작은 분자로부터 분리 정제하는 것
④ 콜로이드 용액 속에 전극을 넣어 전압을 가하면 콜로이드 입자가 한쪽 극으로 이동하는 현상

18 정답 ③

$\Delta T_f = m \times K_f$
$\Delta T_f = m \times 1.86 = 1.55℃$
$m ≒ 0.833$
용매 50g, 용질 15g이므로 용매 1000g에는 용질 300g이 들어있다.
m은 몰랄농도, 즉 용매 1000g에 용해된 용질의 몰수이므로 300g의 몰수는 0.833이다.
분자량은 1몰의 질량을 의미하므로
300g : 0.833몰 $= x$g : 1몰
$\therefore x ≒ 360$g

빙점강하도
$\Delta T_f = m \times K_f$
(ΔT_f : 빙점강하도, m : 몰랄농도, K_f: 어는점 내림상수)

19 정답 ④

프로판(C_3H_8)의 연소반응식은 다음과 같다.
$C_3H_8 + 5O_2 \rightarrow 3CO_2 + 4H_2O$
프로판의 분자량은 44이므로 22g의 프로판은 $\frac{22}{44} = 0.5$ mol이다. 1mol의 프로판이 연소되면 4mol의 물이 생기므로 0.5mol의 프로판이 연소되면 2mol의 물이 생김을 알 수 있다. 물의 분자량은 18이므로 2mol의 물은 36g이다.

20 정답 ②

$H_2 + Cl_2 \rightarrow 2HCl$이고, 기체 분자 1몰=22.4L이므로 생성된 염화수소 11.2L는 0.5몰이다. 그러므로 수소와 염소가 각각 0.25몰씩 반응하여 염화수소 0.5몰이 생성되었다 볼 수 있으므로 반응한 수소의 부피는 0.25몰 $= 22.4L \times 0.25 = 5.6L$이다.

2과목 화재예방과 소화방법

21 정답 ④

고체의 연소 형태에는 표면연소, 분해연소, 증발연소, 자기연소가 있다. 폭발연소는 기체의 연소형태에 속한다.

연소형태의 종류
- **고체의 연소** : 표면연소, 분해연소, 증발연소, 자기연소
- **액체의 연소** : 증발연소, 분무연소, 등화연소, 액면연소
- **기체의 연소** : 확산연소, 폭발연소, 예혼합연소

22 정답 ②

활성화 에너지가 작을수록 가연물이 되기 쉽다.

23 정답 ③

기화열(증발열)은 자연발화에 영향을 주는 인자로 볼 수 없다. 자연발화에 영향을 주는 인자로는 열전도율, 수분, 열의 축적, 발열량, 공기의 유동 등이 있다.

24 정답 ①

휘백색(1,500℃), 휘적색(950℃), 백적색(1,300℃), 황적색(1,100℃)으로 가장 높은 온도의 색깔은 휘백색이다.

고온체의 색깔과 온도

522℃	700℃	850℃	900℃
담암적색	암적색	적색	황색
950℃	1,100℃	1,300℃	1,500℃
휘적색	황적색	백적색	휘백색

25 정답 ②

제2종은 탄산수소칼륨을 주성분으로 한다.
① 제1종은 탄산수소나트륨을 주성분으로 한다.
③ 제3종은 제일인산암모늄을 주성분으로 한다.
④ 제4종은 탄산수소칼륨과 요소와의 반응물을 주성분으로 한다.

26 정답 ②

제일인산암모늄이 주성분인 분말소화약제는 제3종 분말소화약제이고, 사용할 수 있는 화재로는 일반화재(A급), 유류화재(B급), 전기화재(C급)이 있다.

27 정답 ④

화학포 소화약제의 반응식은 다음과 같다.
$6NaHCO_3 + Al_2(SO_4)_3 + 18H_2O$
$\rightarrow 6CO_2 + 2Al(OH)_3 + 3Na_2SO_4 + 18H_2O$
Na_2CO_3는 제1종 분말소화약제의 반응 시 생성되는 물질이다.

28 정답 ③

- **포 소화기** : 냉각효과, 질식효과
- **탄산가스 소화기** : 냉각효과, 질식효과

29 정답 ③

이산화탄소는 전기 절연성이 우수하여 전기화재(C급 화재)에 사용되기도 한다.

이산화탄소(CO_2) 소화약제

- 질식효과, 냉각효과에 의함
- 불활성 기체로, 부패하거나 변질, 부식되지 않음
- 전기 절연성이 좋아 전기화재에도 효과가 있음
- 소화 후 소화약제에 의한 오손이 거의 없음
- 이산화탄소 소화기의 경우 자체 압력 분출이 가능하여 별도의 가압장치가 필요 없음
- 유독성 기체는 아니지만, 공기 중 산소 농도를 감소시키므로 밀폐된 공간에서 사용 시 질식으로 인한 피해가 발생할 수 있으므로 주의를 요함

30 정답 ④

화학포소화약제는 황산알루미늄($Al_2(SO_4)_3$)과 중조($NaHCO_3$)에 기포안정제를 혼합하여 만드는 소화약제이다. 제1인산암모늄은 제3종 분말소화약제의 주성분이다.

화학포소화약제 반응식

$6NaHCO_3 + Al_2(SO_4)_3 + 18H_2O$
$\rightarrow 3Na_2SO_4 + 2Al(OH)_3 + 6CO_2 + 18H_2O$

31 정답 ④

할로겐화합물 소화약제는 전기적으로 부도체라서 전도성이 없고 전기절연성이 우수하여 유류화재, 전기화재에 많이 사용된다.

할로겐화합물 소화약제의 성질

- 끓는점(비점)이 낮을 것
- 기화(증기)가 되기 쉬울 것
- 공기보다 무거울 것
- 불연성일 것
- 증발잔유물이 없을 것
- 전기절연성이 우수할 것

32 정답 ②

Halon 번호는 앞에서부터 C－F－Cl－Br－I의 개수를 나타낸다. Halon 1011은

C	F	Cl	Br
1	0	1	1

이므로 순서대로 C, F, Cl, Br의 수를 의미한다.

33 정답 ④

할로겐화합물소화설비의 저장 용기 충전비는 다음과 같다.

하론 2402	• 가압식 : 0.51 이상 0.67 이하 • 축압식 : 0.67 이상 2.75 이하
하론 1211	0.7 이상 1.4 이하
하론 1301 및 HFC－227ea	0.9 이상 1.6 이하
HFC－23 및 HFC－125	1.2 이상 1.5 이하
FK－5－1－12	0.7 이상 1.6 이하

34 정답 ④

소화기의 외부표시 사항은 다음과 같다.

- 소화기의 명칭
- 적응화재표시
- 능력단위
- 사용방법
- 취급상 주의사항
- 용기합격 및 중량표시
- 제조연월일
- 제조업체명 및 상호

35 정답 ④

능력단위가 가장 작은 것은 소화전용 물통 8L이다.

④ 0.3
① 1.5
② 2.5
③ 1.0

36 정답 ①

경유의 지정수량은 1,000L
위험물의 1소요단위＝지정수량×10

$\therefore \frac{100,000}{1,000 \times 10} =$ 10단위

37 정답 ②

설치된 옥외소화전 개수×13.5m^3(단, 4개 이상인 경우는 4개로 계산)
4개 이상이므로 4로 계산하여 $4 \times 13.5 = 54$m^{3}이다.

38 정답 ③

위험물안전관리법 시행규칙 별표 17에 의하면 물분무소화설비의 방사구역은 150m^2 이상이고 방호대상물의 표면적이 150m^2 미만인 경우에는 당해 표면적으로 한다.

39 정답 ④

니트로셀룰로오스는 제5류 위험물로, 다량의 주수소화가 효과적이며 질식소화는 적당하지 않다.

① **인화칼슘** : 물과 반응하여 유독성 · 가연성의 포스핀(PH_3)을 생성함
② **과산화리튬** : 물과 반응하여 산소가 발생함
③ **탄화칼슘** : 물과 반응하여 폭발성을 가지는 아세틸렌을 생성함

40 정답 ①

과산화수소는 상온에서도 서서히 분해하여 산소를 발생시키므로 완전 밀전, 밀봉 시 압력이 상승하여 폭발의 위험이 있다. 그러므로 구멍 뚫린 마개가 있는 용기에 보관해야 한다.

3과목 위험물의 성질과 취급

41 정답 ③

제2류 위험물은 제4류, 제5류 위험물과 혼재 가능하다.

42 정답 ②

밑면이 원형인 종형 탱크의 내용적 구하는 공식은 $\pi r^2 l$이므로 주어진 수치를 식에 대입하면

$V = \pi \times 8 \times 8 \times 15 ≒ 3,016m^3$

43 정답 ②

위험물의 운반용기 외부에는 품명, 위험등급, 화학명, 수용성, 수량, 주의사항을 표시해야 한다.

운반용기 외부 표시사항
- 위험물의 품명
- 위험물의 위험등급
- 화학명 및 수용성(수용성 표시는 제4류 위험물로서 수용성인 것에 한함)
- 위험물의 수량
- 수납하는 위험물에 따라 규정에 의한 주의사항

44 정답 ④

각각의 지정수량은 다음과 같다.

④ **금속칼륨** : 10kg
① **금속분** : 500kg
② **유황** : 100kg
③ **아연분** : 500kg

45 정답 ④

제1류 위험물 중 알칼리금속의 과산화물 운반 용기 외부에는 물기엄금, 가연물접촉주의, 화기 · 충격주의 표시를 반드시 해야 한다.

유별 주의사항 표시

유별	구분	주의사항
제1류	알칼리금속의 과산화물	• 물기엄금 • 가연물접촉주의 • 화기 · 충격주의
	그 외	• 가연물접촉주의 • 화기 · 충격주의
제2류	철분 · 금속분 · 마그네슘	• 화기주의 • 물기엄금
	인화성고체	화기엄금
	그 외	화기주의
제3류	자연발화성물질	• 화기엄금 • 공기접촉엄금
	금수성물질	물기엄금
제4류		화기엄금
제5류		• 화기엄금 • 충격주의
제6류		가연물접촉주의

46 정답 ③

게시판에는 위험물의 유별 및 품명, 저장최대수량 또는 취급최대수량, 지정수량의 배수 및 안전관리자의 성명 또는 직명을 기재해야 한다.

47 정답 ②

위험물을 취급하는 건축물 및 그 밖의 시설 주위에는 취급하는 위험물에 최대수량에 따라 다음과 같은 보유공지의 너비를 가져야 한다.

- **지정수량의 10배 이하** : 3m 이상
- **지정수량의 10배 초과** : 5m 이상

48 정답 ④

H_2O_2(과산화수소)는 제6류 위험물로, 적재 시 차광성이 있는 피복으로 가려야 할 위험물이다.

① 제2류 위험물
② 제2류 위험물
③ 제4류 위험물 중 알코올류

49 정답 ③

이황화탄소의 발화점은 약 102℃로 가장 낮다.
① 160℃
② 498℃
④ 210℃

50 정답 ③

1기압에서 인화점이 70℃ 이상, 200℃ 미만인 물질은 제4류 위험물 중 제3석유류이다.

제4류 위험물 중 석유류

제4류 위험물 중 석유류의 인화점은 1atm에서 각각 다음과 같다.
- **제1석유류** : 21℃ 미만
- **제2석유류** : 21℃ 이상, 70℃ 미만
- **제3석유류** : 70℃ 이상, 200℃ 미만
- **제4석유류** : 200℃ 이상, 250℃ 미만

51 정답 ③

압력탱크는 최대 상용압력의 1.5배의 압력으로 10분간 수압시험을 한다.

52 정답 ①

지하층이 없도록 하여야 한다. 다만, 위험물을 취급하지 아니하는 지하층으로서 위험물의 취급장소에서 새어나온 위험물 또는 가연성의 증기가 흘러 들어갈 우려가 없는 구조로 된 경우에는 그러하지 아니하다.

53 정답 ①

위험물제조소는 학교로부터 30m 이상의 안전거리를 두어야 한다.
② 5m 이상
③ 20m 이상
④ 10m 이상

54 정답 ②

인화칼슘과 물의 반응식은 다음과 같다.
$Ca_3P_2 + 6H_2O \rightarrow 3Ca(OH)_2 + 2PH_3\uparrow$
즉, 인화칼슘과 물이 반응하면 수산화칼슘과 포스핀(PH_3, 인화수소)이 생성됨을 알 수 있다.

55 정답 ④

황화린의 지정수량은 모두 100kg이다.

황화린의 연소반응

삼황화린	$P_4S_3 + 8O_2 \rightarrow 3SO_2 + 2P_2O_5$
오황화린	$2P_2S_5 + 15O_2 \rightarrow 10SO_2 + 2P_2O_5$
칠황화린	$P_4S_7 + 12O_2 \rightarrow 7SO_2 + 2P_2O_5$

56 정답 ④

증기비중$=\dfrac{\text{분자량}}{\text{공기의 분자량}}$이므로 증기비중이 크다는 것은 분자량이 크다는 뜻이다. 톨루엔($C_6H_5CH_3$)의 분자량은 92로 가장 크므로 증기비중 역시 가장 크다.
① **벤젠**(C_6H_6) : 78g/mol
② **메탄올**(CH_3OH) : 32g/mol
③ **에틸 메틸 케톤**($CH_3COC_2H_5$) : 72g/mol

57 정답 ④

적린의 연소반응식은 다음과 같다.
$P_4 + 5O_2 \rightarrow 2P_2O_5$
그러므로 적린의 연소 생성물은 오산화인($2P_2O_5$)이다.

58 정답 ①

주어진 물질을 열분해하면 공통적으로 산소 기체가 발생한다. 반응식은 각각 다음과 같다.
① $2NH_4NO_3 \rightarrow 4H_2O + 2N_2 + O_2$
② $2KClO_3 \rightarrow 2KCl + 3O_2$
③ $NaClO_2 \rightarrow NaCl + O_2$
④ $2NaClO_3 \rightarrow 2NaCl + 3O_2$

59 정답 ②

금속나트륨과 금속칼륨 모두 물 또는 알코올과 반응하여 수소가스를 발생시키므로 물, 알코올 등에 보관하면 안 되고 석유, 유동파라핀 등에 저장해야 한다.

금속나트륨과 금속칼륨의 성질

- 물보다 비중이 작음
- 석유, 유동파라핀 등에 저장
- 은백색의 무른 금속으로 칼로 자를 수 있음
- 물 또는 알코올과 반응하여 수소 방출

구분	반응식
나트륨	• $2Na+2H_2O \rightarrow 2NaOH+H_2\uparrow$ • $2Na+2C_2H_5OH \rightarrow 2C_2H_5ONa+H_2\uparrow$
칼륨	• $2K+2H_2O \rightarrow 2KOH+H_2\uparrow$ • $2K+2C_2H_5OH \rightarrow 2C_2H_5OK+H_2\uparrow$

60 정답 ①

제2류 위험물과 제5류 위험물은 가연성 물질이라는 공통 성질을 가지고 있다.

② 제2류 화합물은 고체이고, 제5류 화합물은 액체도 있고 고체도 있다.
③ 제2류 위험물은 산소를 함유하고 있지 않다.
④ 제2류 위험물은 환원제이다.

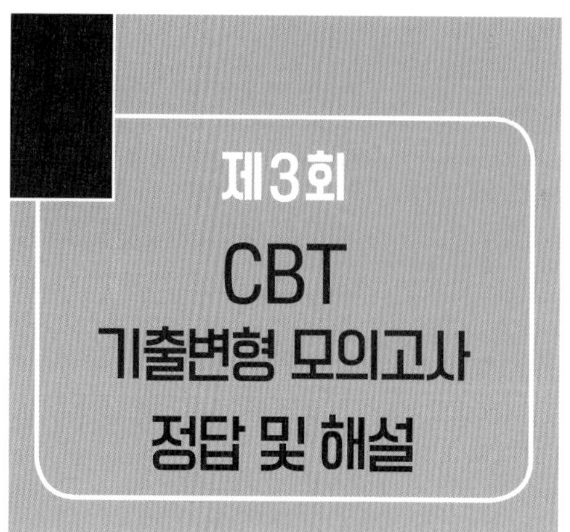

1과목 일반화학

01	②	02	①	03	③	04	①	05	②
06	③	07	①	08	③	09	①	10	③
11	①	12	①	13	②	14	②	15	②
16	③	17	③	18	④	19	④	20	④

2과목 화재예방과 소화방법

21	③	22	③	23	①	24	①	25	③
26	②	27	④	28	①	29	④	30	③
31	③	32	④	33	①	34	②	35	④
36	④	37	③	38	①	39	④	40	①

3과목 위험물의 성질과 취급

41	④	42	③	43	④	44	④	45	②
46	③	47	②	48	①	49	①	50	①
51	②	52	④	53	④	54	①	55	②
56	③	57	③	58	①	59	④	60	②

1과목 일반화학

01 정답 ②

주어진 반응은 흡열반응이므로 반응을 오른쪽으로 진행시키려면 온도를 높여야 한다. 반응물과 생성물의 몰수가 같으므로 평형상태가 압력의 영향을 받지 않는다.

02 정답 ①

F는 Br보다 전자를 얻어 음이온이 되려는 경향이 크다.

할로젠 원소의 반응성 크기

F > Cl > Br > I

03 정답 ③

현재	30일 후	60일 후
1	$\frac{1}{2}$	$\frac{1}{4}$

반감기

방사성 붕괴에 의해 원래의 수의 반으로 줄어드는 데 걸리는 시간

04 정답 ①

원자번호 15인 P의 전자배치는 $1s^2 2s^2 2p^6 3s^2 3p^3$이다.

05 정답 ②

양성자의 수는 곧 원자번호를 의미하므로 원자번호 12인 Mg이다.

06 정답 ③

- 원자번호 = 양성자의 수 = 전자의 수 = 22
- 질량수 = 양성자수 + 중성자수

48＝22＋중성자수
∴ 중성자수＝26

07 정답 ①

주어진 이온들은 모두 2/8/8로 전자배치가 Ar과 같다. 다만, S의 양성자수가 가장 적으므로 전자를 당기는 힘 역시 가장 약해, 반지름이 가장 크다.

08 정답 ③

d오비탈은 1d, 2d 오비탈이 존재하지 않고 3d오비탈부터 존재한다.

① 원자핵에서 가장 가까운 오비탈은 s 오비탈이다.
② M껍질에서부터 존재한다.
④ 오비탈의 수는 5개, 들어갈 수 있는 최대 전자수는 10개이다.

09 정답 ①

Cl_2의 비공유 전자쌍은 6개이다.

$:\ddot{\underset{..}{Cl}}:\ddot{\underset{..}{Cl}}:$ 6개	$\dot{\underset{.}{\ddot{O}}}::\ddot{S}::\dot{\underset{.}{\ddot{O}}}$ 5개
$:N\vdots\vdots N:$ 2개	$:\ddot{O}::C::\ddot{O}:$ 4개

10 정답 ③

금속과 반응하여 수소를 발생시키는 것은 산의 성질이다.

11 정답 ①

두 용액이 각각 산성과 염기성이므로 혼합용액의 농도를 구하기 위해서 서로 빼주어야 한다.

$0.1\times30-0.1\times10=M(30+10)$
$2=40M$
$\therefore M=0.05$
$pH=-\log0.05=1.3$

> **혼합용액의 농도**
> $N_1V_1\pm N_2V_2=N_3(V_1+V_2)$
> 이때 용액의 성질이 같으면 더하고 다르면 빼준다.

12 정답 ①

NaCl은 중성염에 해당한다.

② 염기성염
③ 염기성염
④ 산성염

13 정답 ②

거울에 비춘 듯이 서로 마주보고 있으며 겹쳐지지 않는 이성질체를 광학이성질체라 한다.

① **부분입체이성질체** : 광학이성질체(거울상이성질체)가 아닌 입체이성질체
③ **기하이성질체** : 이중결합을 중심으로 분자 내의 원자 또는 원자단의 상대적 위치 차이가 있는 이성질체
④ **구조이성질체** : 분자식은 같으나 결합한 구조가 다른 이성질체

14 정답 ②

방향족 화합물이란 벤젠고리를 가지는 화합물로 톨루엔, 아닐린, 안트라센, 크레졸, 벤조산, 나프탈렌 등이 있다.

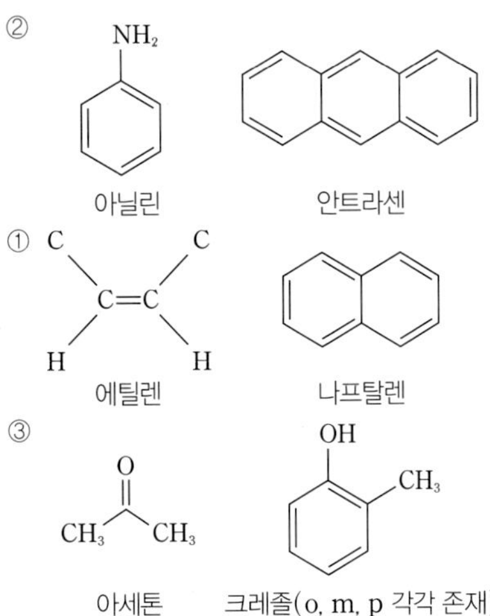

④

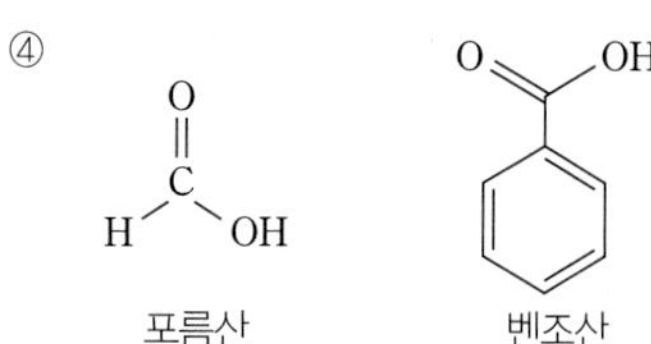

- 반응한 M의 몰수$=\frac{15}{120}$
- 반응한 O의 몰수$=\frac{2.4}{16}$

$\frac{15}{120} : \frac{2.4}{16} = 5 : 6$

15 정답 ②

중심 탄소가 5개이므로 펜탄이며, 2번째 탄소에 메틸기(Methyl), 3번째 탄소에 에틸기(Ethyl)가 달려 있으므로 알파벳 순서에 맞게 에틸기가 먼저와 '3－에틸－2－메틸－펜탄'이 된다.

16 정답 ③

NaCl은 금속과 비금속이 결합한 이온결합 물질이고, 나머지는 공유결합 물질이다.

결합종류
- **이온결합** : 금속원소＋비금속원소
- **공유결합** : 비금속원소＋비금속원소
- **금속결합** : 금속원소＋금속원소

17 정답 ③

Cu^{2+}에서 Cu 1몰이 석출되려면 전자는 2몰 필요하고, 필요한 전기량은 2F이다.

10A의 전류 30분$=10 \times 1,800 = 18,000$C

$2 \times 96,500C : 64g = 18,000C : xg$

$\therefore x ≒ 5.97g$

패러데이 법칙
- 1F＝96,500C＝전자 1몰의 전하량
- 1C＝1A×1sec

18 정답 ④

$xM + yO \rightarrow M_xO_y$

15g＋(　　) → 17.4g

∴ 반응한 산소의 질량＝17.4－15＝2.4g

19 정답 ④

프로판(C_3H_8)의 연소반응식은 다음과 같다.

$C_3H_8 + 5O_2 \rightarrow 3CO_2 + 4H_2O$

1몰의 프로판이 연소되는 데 5몰의 산소가 필요하다. 프로판 2몰을 연소시킨다 하였으므로 산소는 10몰이 필요하다.
아보가드로 법칙에 의해 기체 1몰은 표준상태에서 22.4L이다. 10몰의 산소부피는 22.4×10＝224L이다. 공기 중 산소량이 20%이므로 $\frac{224}{0.2}$＝1,120L의 공기가 필요하다.

20 정답 ④

이산화탄소(CO_2)는 표준상태에서 22.4L에 1몰 존재하므로, 44.8L에는 2몰의 CO_2가 있다. 이때 탄소의 분자량은 12이므로 1몰에는 12g이, 2몰에는 24g이 들어 있다.

2과목 화재예방과 소화방법

21 정답 ③

금속분은 표면연소에 속한다. 주된 연소형태가 증발연소인 것에는 나프탈렌, 유황, 파라핀(양초), 장뇌, 왁스, 메탄올 등이 있다.

22 정답 ③

연소열은 클수록 위험하고 착화점(발화점), 착화에너지, 인화점은 작을수록 위험하다.

23 정답 ①

증발잠열(기화열)은 상태변화에 필요한 열량으로, 점화원 역할이 될 수 없다.

점화원

점화원이란 물질 등이 체류하고 있는 분위기에 불을 붙일 수 있는 근원으로, 연소를 하기 위해 물질에 활성화 에너지를 주는 물질을 말한다.

화학적	연소열, 분해열, 산화열, 중합열 등
전기적	유도열, 유전열, 낙뢰, 아크, 정전기불꽃, 전기스파크 등
기계적	마찰열, 타격열, 단열압축, 충격 등
열적	가열표면, 화염, 고온가스, 열 방사 등
광학적	적외선, 레이저 등

24 정답 ①

유류화재는 황색으로 표시한다.
② 금속화재 – 무색
③ 전기화재 – 청색
④ 일반화재 – 백색

화재의 종류

A급 화재	B급 화재	C급 화재	D급 화재
일반화재	유류 · 가스화재	전기화재	금속화재
백색	황색	청색	무색 (표시 없음)

25 정답 ③

제3종 소화분말의 주성분은 $NH_4H_2PO_4$이다.

26 정답 ②

제1종 분말소화약제는 탄산수소나트륨($NaHCO_3$)을 주성분으로 가진다.

27 정답 ④

사염화탄소소화약제는 CTC 소화제라고도 하는 할로겐화합물 소화약제이다. 맹독성 기체인 포스겐($COCl_2$)을 생성시켜 현재는 소방법상 사용이 금지되어 있다. 포소화약제의 종류로는 합성계면활성제포소화약제, 단백포소화약제, 내알코올포소화약제, 수성막포소화약제 등이 있다.

28 정답 ①

분말 소화약제와 물 소화약제의 공통적인 주요 소화효과로는 질식소화와 냉각소화가 있다.

29 정답 ④

이산화탄소는 유독성 기체가 아니다. 다만, 공기 중 산소 농도를 감소시키므로 밀폐된 공간에서 사용 시 질식으로 인한 인명 피해가 발생할 수 있으므로 주의해야 한다.

줄 – 톰슨 효과

압축한 기체를 가는 구멍으로 내뿜어 갑자기 팽창시킬 때 생기는 온도의 변화로, 이산화탄소는 줄 – 톰슨 효과에 의해 온도가 급강하하며 드라이아이스가 생성된다.

30 정답 ③

전기불꽃 에너지 공식은 $E=\frac{1}{2}QV=\frac{1}{2}CV^2$이다. ($E$: 전기불꽃 에너지, Q : 전기량, V : 방전전압, C : 전기용량, $Q=CV$)

31 정답 ③

Halon 번호는 앞에서부터 C – F – Cl – Br – I의 개수를 나타낸다. CH_3Br은 C와 Br이 각각 1개씩 있으므로

C	F	Cl	Br
1	0	0	1

이 되어 Halon 1001이 된다.

하론 번호와 화학식

Halon 번호는 앞에서부터 C－F－Cl－Br－I의 개수를 나타내고 남은 자리를 H가 채운다. 다만, 하론번호를 매길 때는 번호에 H의 개수는 포함시키지 않는다.

Halon 번호	화학식
1301	CF_3Br
1211	CF_2ClBr
1011	CH_2ClBr
2402	$C_2F_4Br_2$
1001	CH_3Br
10001	CH_3I
1202	CF_2Br_2
104	CCl_4

32 정답 ④

상온, 상압에서 기체로 존재하는 것은 Halon 1301, 1211이고, 액체로 존재하는 것은 Halon 2402, 104이다.

33 정답 ①

위험물안전관리에 관한 세부기준 제136조에 의한 분말소화설비 기준은 다음과 같다.

- 방사된 소화약제가 방호구역의 전역에 균일하고 신속하게 확산할 수 있도록 설치할 것
- 분사헤드의 방사압력은 0.1MPa 이상일 것
- 소화약제의 양을 30초 이내에 균일하게 방사할 것

34 정답 ②

가압송수장치의 시동을 알리는 표시등은 적색으로 한다.

① 쉽게 접근이 가능하고 화재 등에 의한 피해를 받을 우려가 적은 장소에 설치할 것
③ 축전지설비는 설치된 실의 벽으로부터 0.1m 이상 이격할 것
④ 옥내소화전함의 상부의 벽면에 적색의 표시등을 설치하되, 당해 표시등의 부착면과 15°이상의 각도가 되는 방향으로 10m 떨어진 곳에서 용이하게 식별이 가능하도록 할 것

35 정답 ④

알코올류의 지정수량은 400L
위험물의 소요단위＝지정수량×10
∴ 400×10＝4,000L

36 정답 ④

설치된 옥내소화전 개수×$7.8m^3$
4×7.8＝$31.2m^3$

수원의 수량

- **옥내소화전** : 가장 많이 설치된 층의 옥내소화전 개수×$7.8m^3$(단, 5개 이상인 경우는 5개로 계산)
- **옥외소화전** : 설치된 옥외소화전 개수×$13.5m^3$(단, 4개 이상인 경우는 4개로 계산)

37 정답 ③

방수용기구를 격납하는 함(옥외소화전함)은 불연재료로 제작하고 옥외소화전으로부터 보행거리 5m 이하의 장소로서 화재발생 시 쉽게 접근가능하고 화재 등의 피해를 받을 우려가 적은 장소에 설치해야 한다.

38 정답 ①

지정수량의 100배 이상을 저장 또는 취급하는 것(고인화점 위험물만을 저장 또는 취급하는 것은 제외)에 자동화재탐지설비를 설치한다.

자동화재탐지설비

- **제조소 및 일반취급소** : 옥내에서 지정수량의 100배 이상을 취급하는 것(고인화점 위험물만을 100℃ 미만의 온도에서 취급하는 것은 제외)
- **옥내저장소** : 지정수량의 100배 이상을 저장 또는 취급하는 것(고인화점 위험물만을 저장 또는 취급하는 것은 제외)
- **옥내탱크저장소** : 단층 건물 외의 건축물에 설치된 옥내탱크저장소로서 제41조 제2항에 따른 소화난이도등급 Ⅰ에 해당하는 것
- **옥외탱크저장소** : 특수인화물, 제1석유류 및 알코올류를 저장 또는 취급하는 탱크의 용량이 1,000만리터 이상인 것
- **주유취급소** : 옥내주유취급소

39 정답 ④

금속분과 철분 등은 물과 반응하면 이산화탄소가 아니라 가연성인 수소를 생성하기 때문에 주수소화가 적합하지 않다.

40 정답 ①

제2류 위험물은 비교적 낮은 온도에서 연소하기 쉬운 가연성, 환원성 고체들이다.
② 산소를 함유하고 있는 것은 제1류, 제5류, 제6류 위험물이다.
③ 물보다 무겁고 물에 잘 녹지 않는다.
④ 화재 시 산화제 역할을 하는 것은 제1류, 제6류 위험물이다.

3과목 위험물의 성질과 취급

41 정답 ④

제4류 위험물은 제2류, 제3류, 제5류 위험물과 혼재 가능하다.

혼재가능 위험물

제1류	제2류	제3류
제6류	제4류, 제5류	제4류
제4류	**제5류**	**제6류**
제2류, 제3류, 제5류	제2류, 제4류	제1류

42 정답 ③

밑면이 원형인 횡형 탱크의 내용적 구하는 공식은 $\pi r^2(l+\frac{l_1+l_2}{3})$이므로 주어진 수치를 식에 대입하면

$$V=\pi\times5\times5\times(10+\frac{0.6+0.6}{3})\fallingdotseq817m^3$$

43 정답 ④

지정수량의 배수$=\frac{\text{저장수량의 합}}{\text{지정수량}}$이므로 각각의 지정수량의 배수는 다음과 같다.

- 클로로벤젠 : $\frac{3,000}{1,000}=3$
- 벤젠 : $\frac{2,000}{200}=10$
- 휘발유 : $\frac{1,000}{200}=5$

$\therefore 3+10+5=18$

44 정답 ④

각각의 지정수량은 다음과 같다.
④ **제4석유류** : 6,000L
① **산화프로필렌** : 50L
② **등유** : 1,000L
③ **벤즈알데히드** : 2,000L

45 정답 ②

제1류 위험물 중 알칼리금속의 과산화물 운반 용기 외부에는 물기엄금, 가연물접촉주의, 화기 · 충격주의 표시를 반드시 해야 한다.

46 정답 ③

과염소산은 제5류 위험물로, "화기엄금" 및 "충격주의"를 표시해야 한다.
① **철분** : 제2류 위험물 중 철분 · 금속분 · 마그네슘
② **아세틸퍼옥사이드** : 제5류 위험물
④ **과산화칼륨** : 제1류 위험물 중 알칼리금속의 과산화물

47 정답 ②

아세톤 300톤$=\frac{300,000}{0.79}$L$\fallingdotseq$379,747L

아세톤의 지정수량은 400L로, $\frac{379,747}{400}\fallingdotseq979$배이므로 지정수량 500배 초과 1,000배 이하이다. 이때 옥외탱크저장소 공지의 너비는 5m 이상이다.

옥외탱크저장소의 보유공지 너비

위험물 최대수량	공지 너비
지정수량 500배 이하	3m 이상
지정수량 500배 초과 1,000배 이하	5m 이상
지정수량 1,000배 초과 2,000배 이하	9m 이상
지정수량 2,000배 초과 3,000배 이하	12m 이상
지정수량 3,000배 초과 4,000배 이하	15m 이상
지정수량 4,000배 초과	최대지름과 높이 중 큰 것 (다만, 30m 초과는 30m 이상으로, 15m 미만은 15m 이상으로 함)

48 정답 ①

제4류 위험물 중 적재 시 일광의 직사를 피하기 위해 차광성이 있는 피복으로 가리는 조치를 하여야 하는 것으로는 특수인화물이 있다.

차광성 덮개가 필요한 위험물류

- 제1류 위험물
- 제3류 위험물 중 자연발화성물질
- 제4류 위험물 중 특수인화물
- 제5류 위험물
- 제6류 위험물

49 정답 ①

벤젠의 발화점은 약 498℃로 가장 높다.

② 200℃

③ 30℃

④ 210℃

50 정답 ①

제4류 위험물 중 제1석유류는 1기압에서 인화점이 21℃ 미만이며, 대표적인 물질로는 휘발유, 벤젠, 아세톤 등이 있다.

제4류 위험물 중 석유류

종류	인화점	예
제1 석유류	21℃ 미만	휘발유(가솔린), 벤젠, 아세톤, 피리딘 등
제2 석유류	21℃ 이상, 70℃ 미만	등유, 경유, 아세트산 등
제3 석유류	70℃ 이상, 200℃ 미만	중유, 아닐린, 니트로벤젠, 글리세린 등
제4 석유류	200℃ 이상, 250℃ 미만	기계유, 실린더유 등

51 정답 ②

압력탱크 외의 것은 70kPa의 압력으로 10분간 수압시험을 하고, 압력탱크는 최대 상용압력의 1.5배의 압력으로 10분간 수압시험을 한다.

수압시험 기준

- **압력탱크** : 최대상용압력의 1.5배의 압력, 10분간
- **압력탱크 외** : 70kPa의 압력, 10분간

52 정답 ④

지정수량의 10배 이상의 위험물을 취급하는 제조소(제6류 위험물을 취급하는 위험물제조소는 제외)에는 피뢰침을 설치하여야 한다.

53 정답 ④

위험물제조소는 35,000V 초과 특고압가공전선으로부터 5m 이상의 안전거리를 두어야 한다.

54 정답 ①

과산화나트륨과 물의 반응식은 다음과 같다.

$2Na_2O_2 + 2H_2O \rightarrow 4NaOH + O_2\uparrow$

즉, 과산화나트륨과 물이 반응하면 수산화나트륨과 산소가 생성됨을 알 수 있다.

② 탄화칼슘은 물과 반응하여 아세틸렌(C_2H_2) 가스를 발생시킨다.

③ 금속나트륨은 물과 반응하여 수소(H_2) 기체를 발생시킨다.

④ 인화칼슘은 물과 반응하여 포스핀(PH_3) 가스를 발생시킨다.

55 정답 ②

외부의 산소공급이 없어도 연소할 수 있는 물질은 제5류 위험물인 자기반응성 물질이다. 알루미늄의 탄화물은 제3류 위험물이다.

제5류 위험물(자기반응성 물질)

유기과산화물, 질산에스테르류, 니트로화합물, 니트로소화합물, 아조화합물, 디아조화합물, 히드라진 유도체, 히드록실아민, 히드록실아민염류 등

56 정답 ③

이황화탄소는 물보다 무겁고 물에 녹지 않아, 가연성 증기 발생을 억제하기 위해 물 속에 저장한다.

① 오황화린은 물과 반응하여 황화수소를 발생시키므로 물속에 저장하면 안 된다.

② 염소산나트륨은 철제용기를 부식시키므로 유리용기에 저장한다.

④ 아세트알데히드는 구리, 은, 수은, 마그네슘 등과 반응하여 폭발성 있는 아세틸라이드를 형성하므로 이들로 이루어진 합금용기에 저장하면 안 된다.

57 정답 ③

황린과 적린은 연소 시 이산화황(SO_2)이 생성되지 않는다.

황, 황린, 적린, 황화린의 연소반응식

황	$S + O_2 \rightarrow SO_2$
황린	$P_4 + 5O_2 \rightarrow 2P_2O_5$
적린	$4P + 5O_2 \rightarrow 2P_2O_5$
삼황화린	$P_4S_3 + 8O_2 \rightarrow 3SO_2 + 2P_2O_5$
오황화린	$2P_2S_5 + 15O_2 \rightarrow 10SO_2 + 2P_2O_5$
칠황화린	$P_4S_7 + 12O_2 \rightarrow 7SO_2 + 2P_2O_5$

58 정답 ①

가솔린은 전기에 대한 부도체이므로 정전기 발생으로 인한 화재를 방지해야 한다.

59 정답 ④

동식물유류의 지정수량은 10,000L이다.

동식물유류 구분

건성유	요오드값 130 이상 예 해바라기유, 동유, 아마인유, 들기름 등
반건성유	요오드값 100 이상 130 미만 예 옥수수유, 참기름, 면실유 등
불건성유	요오드값 100 미만 예 피마자유, 올리브유, 야자유, 고래기름 등

60 정답 ②

니트로벤젠은 제5류 위험물이 아닌 제4류 위험물 중 제3석유류이다. 제5류 위험물 중 질산에스테르류에는 니트로셀룰로오스, 니트로글리세린, 니트로글리콜, 질산메틸, 질산에틸 등이 있다.

제5류 위험물 품명

유기과산화물, 질산에스테르류, 니트로화합물, 니트로소화합물, 아조화합물, 디아조화합물, 히드라진유도체, 히드록실아민, 히드록실아민염류, 그 밖에 행정안부령으로 정하는 것

1과목 일반화학

01	③	02	②	03	③	04	④	05	①
06	②	07	④	08	①	09	④	10	④
11	②	12	②	13	④	14	③	15	①
16	②	17	③	18	①	19	④	20	③

2과목 화재예방과 소화방법

21	①	22	①	23	③	24	②	25	③
26	①	27	②	28	②	29	①	30	④
31	④	32	①	33	③	34	③	35	②
36	③	37	③	38	①	39	①	40	②

3과목 위험물의 성질과 취급

41	③	42	④	43	④	44	①	45	④
46	①	47	②	48	②	49	④	50	②
51	②	52	④	53	②	54	③	55	②
56	②	57	④	58	①	59	②	60	④

1과목 일반화학

01 정답 ③

반응물과 생성물의 몰수가 같으면 평형상태에서 압력의 영향을 받지 않는다.

02 정답 ②

Fe는 Cu보다 이온화 경향성이 크므로 전자를 내놓고 양이온이 되려는 경향이 커서 반응이 오른쪽으로 진행된다.

금속의 이온화 경향성 크기(반응성 크기)

K > Ca > Na > Mg > Al > Zn > Fe > Ni > Sn > Pb > H > Cu > Hg > Ag > Pt > Au

03 정답 ③

현재	5일 후	10일 후	15일 후
4g	2g	1g	0.5g

04 정답 ④

원자번호 19인 K에서 전자 하나를 잃었으므로 $1s^2 2s^2 2p^6 3s^2 3p^6$이다.

05 정답 ①

비활성기체인 제18족 원소를 찾는다.
② 2족
③ 17족
④ 1족

06 정답 ②

- 원자번호 = 양성자의 수 = 전자의 수 = 15
- 원자량 = 양성자수 + 중성자수
  31 = 15 + 중성자수

∴ 중성자수 = 16

07 정답 ④

이온화에너지가 클수록 전자를 제거하기 위해 필요한 에너지가 많이 든다는 뜻이므로 양이온이 되기 어렵다.

이온화 에너지

이온이 되기 위해 전자를 떼어내는 힘의 크기로, 원자반지름이 커 원자핵이 전자를 당기는 힘이 작아질수록 이온화 에너지도 작아진다.

08 정답 ①

sp^3 혼성오비탈은 정사면체 모양을 가지고 있는 구조로, 대표적으로 CH_4, CCl_4 등이 있다.
② sp^2, 정삼각형 모양
③ sp^2, 정삼각형 모양
④ sp^3d^2, 정팔면체 모양

09 정답 ④

CO_2는 무극성 분자로 굽은형이 아닌 선형이다. 굽은형(V형) 구조를 갖는 대표적인 분자로는 H_2O가 있다.

10 정답 ④

산은 수소보다 이온화 경향이 큰 금속과 반응하여 수소를 발생시킨다.
① 신 맛이 있으며 푸른 리트머스 시험지를 붉게 한다.
② 주로 양성자를 내놓는다.
③ 염기성에 대한 설명이다.

11 정답 ②

두 용액이 각각 산성과 염기성이므로 혼합용액의 농도를 구하기 위해서 서로 빼주어야 한다.

$0.02 \times 100 - 0.01 \times 50 = M \times 1{,}000$

$1.5 = 1{,}000M$

$\therefore M = 0.0015$

$pH = -\log 0.0015 = 2.82$

12 정답 ②

브뢴스테드의 산 · 염기 개념에서 산은 양성자를 주는 분자이고, 염기는 양성자를 받는 분자이다. 정반응에서 NH_3는 양성자(H^+)를 받아 NH_4^+가 되며, 역반응에서 OH^-는 양성자(H^+)를 받아 H_2O가 된다.

산과 염기의 정의

구분	산	염기
아레니우스	수용액에서 H^+ 내놓음	수용액에서 OH^- 내놓음
브뢴스테드 −로우리	양성자를 줌	양성자를 받음
루이스	전자쌍을 받음	전자쌍을 줌

13 정답 ④

$C_2H_2Cl_2$는 기하 이성질체의 모양에 따라 극성과 비극성으로 나뉜다.

극성		비극성
H, H / C=C / Cl, Cl	H, Cl / C=C / H, Cl	H, Cl / C=C / Cl, H
시스형	1,1−dichloroethene	트랜스형

14 정답 ③

휘발성과 인화성 모두 크다.

15 정답 ①

propane이므로 탄소 3개이며 2번째 탄소에 Cl이 결합하였다.

16 정답 ②

흑연, 다이아몬드, 얼음 등은 비금속 원소들끼리 전자쌍을 공유하며 이루어지는 공유결합을 하고 있는 대표적인 물질들이다.

PART 2 정답 및 해설

17 정답 ③

Cu^{2+}에서 Cu 1몰이 석출되려면 전자는 2몰 필요하고, 필요한 전기량은 2F이다.
1F=96,500C이므로 2F일 때는 193,000C
1C=1A×1sec이므로
193,000C=5A×x초
$\therefore x$=38,600초
38,600초$=\frac{38,600}{3,600}$≒10.72시간

18 정답 ①

SO_2는 산소를 잃고 환원되었으므로 산화제의 역할을 한다.

산화 · 환원

구분	산화	환원
산소	얻음	잃음
수소	잃음	얻음
전자	잃음	얻음
산화수	증가	감소

- **산화제** : 자신은 환원되고 다른 물질을 산화시켜주는 물질
- **환원제** : 자신은 산화되고 다른 물질을 환원시켜주는 물질

19 정답 ④

에탄올(C_2H_5OH)의 연소반응식은 다음과 같다.
$C_2H_5OH+3O_2 \rightarrow 2CO_2+3H_2O$
에탄올의 분자량은 46이므로 46g은 1몰이고, 에탄올이 1몰 연소될 때 CO_2는 2몰 생성된다. 1몰에는 6.02×10^{23}개의 분자가 들어 있으므로 2몰에는 $2\times6.02\times10^{23}$, 즉 1.204×10^{24}개가 있다.

20 정답 ③

$2NH_3+H_2SO_4 \rightarrow (NH_4)_2SO_4$
암모니아의 분자량이 17이므로 34g의 암모니아는 2몰이나. 2몰의 암모니아가 반응하여 1몰의 황산암모늄이 발생하고, 황산암모늄의 분자량은 $(14\times2)+(4\times2)+32+(16\times4)=132$이므로 만들어진 황산암모늄의 양은 132g이다.

2과목 화재예방과 소화방법

21 정답 ①

코크스는 표면연소에 속한다.
②, ④ 분해연소
③ 자기연소

22 정답 ①

착화온도가 낮을수록 화재 위험성이 증가한다.

화재 위험성

위험인자	위험성 증가	위험성 감소
온도	높을수록	낮을수록
산소농도		
압력		
증기압		
연소열	커질수록	작을수록
폭발범위	넓을수록	좁을수록
연소속도	빠를수록	느릴수록
인화점	낮을수록	높을수록
착화온도		
점성		
비점		
폭발하한	작을수록	클수록
비중		

23 정답 ③

이황화탄소는 제4류 위험물 중 특수인화물로, 가연물로 작용한다. 나머지는 모두 산소공급원의 역할을 한다.

산소공급원

연소에 필요한 산소를 공급하는 물질로, 일반적으로 공기 중의 산소와 산화제(제1류 위험물, 제6류 위험물), 다량의 산소를 함유한 물질(제5류 위험물) 등이 해당된다.

24 정답 ②

전기화재는 청색으로 표시한다.
① 일반화재－백색
③ 유류화재－황색
④ 금속화재－무색

화재의 종류

A급 화재	B급 화재	C급 화재	D급 화재
일반화재	유류·가스화재	전기화재	금속화재
종이, 목재, 섬유, 석탄 등	유류, 가스, 제4류 위험물 등	전선, 기계, 발전기, 변압기 등	철분, 마그네슘, 금속분 등
백색	황색	청색	무색 (표시 없음)

25 정답 ③

분말소화약제 중 ABC급 화재에 적응성이 있는 것은 제3종 소화분말이다. 이때 실리콘오일은 물이 통과하지 못하게 하는 발수제로 쓰인다.

26 정답 ①

탄산수소나트륨과 황산을 혼합하여 사용하는 것은 산·알칼리 소화기이다.
② 제2종 분말 소화약제
③ 제3종 분말 소화약제
④ 제4종 분말 소화약제

27 정답 ②

할로겐화합물계 소화약제는 다음과 같다.
- HFC－23 : CHF_3
- HFC－125 : C_2HF_5
- HFC－227ea : C_3HF_7

28 정답 ②

할론소화약제는 할로겐화합물 소화약제인데, 산소공급원을 차단하는 질식소화는 할론소화약제와 거리가 멀다.

29 정답 ①

이산화탄소는 불활성기체로, 산소나 가연물과 잘 반응하지 않는다. 이산화탄소가 산소와 결합하지 않는 이 특성 때문에 이산화탄소를 소화약제로 사용한다.

30 정답 ④

펌프의 전양정(H)을 구하는 식은 $H=h_1+h_2+h_3+35m$(h_1 : 소방용 호스의 마찰손실수두, h_2 : 배관의 마찰손실수두, h_3 : 낙차)이므로 주어진 수치를 식에 대입한다.
h_1 : 10, h_2 : 2.3, h_3 : 43이므로

$$H=h_1+h_2+h_3+35m$$
$$=10+2.3+43+35$$
$$=90.3m$$

31 정답 ④

Halon 번호는 앞에서부터 C－F－Cl－Br－I의 개수를 나타낸다. Halon 1211은 C가 1개, F가 2개, Cl이 1개, Br이 1개씩 있으므로

C	F	Cl	Br
1	2	1	1

이 되어 CF_2ClBr을 나타낸다.

32 정답 ①

CTC 소화제라고도 하는 Halon 104(CCl_4)는 방사 시 맹독성이 있는 포스겐($COCl_2$) 가스를 생성시켜 현재는 사용이 금지된 소화약제이다.

33 정답 ③

이산화탄소 소화설비의 배관은 겸용이 아닌 전용으로 해야 한다.

배관
- 전용으로 할 것
- 동관의 배관(다음의 압력에 견딜 수 있어야 함)
  - 고압식 : 16.5MPa 이상
  - 저압식 : 3.75MPa 이상
- 관이음쇠(다음의 압력에 견딜 수 있어야 함)
  - 고압식 : 16.5MPa 이상
  - 저압식 : 3.75MPa 이상
- 낙차(최저위치부터 최고위치까지의 수직거리) : 50m 이하

34 정답 ③

비상전원의 용량은 옥내소화전설비를 유효하게 45분 이상 작동시키는 것이 가능해야 한다.

시동표시등

가압송수장치의 시동을 알리는 표시등(시동표시등)은 적색으로 하고 옥내소화전함의 내부 또는 그 직근의 장소에 설치해야 한다. 다만, 설치한 적색의 표시등을 점멸시키는 것에 의하여 가압송수장치의 시동을 알리는 것이 가능한 경우 및 영 제18조의 규정에 따른 자체소방대를 둔 제조소등으로서 가압송수장치의 기동장치를 기동용 수압개폐장치로 사용하는 경우에는 시동표시등을 설치하지 아니할 수 있다.

35 정답 ②

취급소의 1소요단위 기준은 내화구조의 경우 $100m^2$이다.

소요단위

구분	내화구조	비내화구조
제조소	$100m^2$	$50m^2$
취급소		
저장소	$150m^2$	$75m^2$
위험물	지정수량×10	

36 정답 ③

가장 많이 설치된 층의 옥내소화전 개수×$7.8m^3$(단, 5개 이상인 경우는 5개로 계산)

5개 이상이므로 5로 계산하여 $5 \times 7.8 = 39m^3$이다.

37 정답 ③

지정수량의 3천 배 초과 4천 배 이하의 위험물을 저장하는 옥외탱크저장소에 확보하여야 하는 보유공지의 너비는 15m 이상이다.

옥외탱크저장소의 보유공지 너비

위험물 최대수량	공지 너비
지정수량 500배 이하	3m 이상
지정수량 500배 초과 1,000배 이하	5m 이상
지정수량 1,000배 초과 2,000배 이하	9m 이상
지정수량 2,000배 초과 3,000배 이하	12m 이상
지정수량 3,000배 초과 4,000배 이하	15m 이상
지정수량 4,000배 초과	최대지름과 높이 중 큰 것(다만, 30m 초과는 30m 이상으로, 15m 미만은 15m 이상으로 함)

38 정답 ①

원칙적으로 하나의 경계구역의 면적은 $600m^2$ 이하로 하고 그 한 변의 길이는 50m 이하로 한다. 다만, 당해 건축물 그 밖의 공작물의 주요한 출입구에서 그 내부의 전체를 볼 수 있는 경우에 있어서는 그 면적을 $1,000m^2$ 이하로 할 수 있다.

39 정답 ①

과산화나트륨은 제1류 위험물 중 알칼리금속 산화물로, 물과 반응하여 산소를 방출시키므로 주수는 금지되며 대신 팽창질

석, 팽창진주암, 건조사(마른 모래), 탄산수소염류 분말소화제 등을 사용해 소화한다.

40
정답 ②

황린은 제3류 위험물이지만 초기화재 시 물로 소화가 가능하다. 그 외의 제3류 위험물은 모두 주수를 금하며 마른 모래, 팽창질석과 팽창진주암, 탄산수소염류 분말 소화약제 등을 사용하여 소화한다.

3과목 위험물의 성질과 취급

41
정답 ③

제4류와 제3류는 혼재 가능하다.
③ 아세톤(제4류) – 탄화칼슘(제3류)
① 과산화나트륨(제1류) – 과산화벤조일(제5류)
② 유황(제2류) – 황린(제3류)
④ 과염소산칼륨(제1류) – 니트로글리세린(제5류)

42
정답 ④

밑면이 타원형인 횡형 탱크의 내용적 구하는 공식은 $\frac{\pi ab}{4}(l+\frac{l_1+l_2}{3})$이므로 주어진 수치를 식에 대입하면

$$V=\frac{\pi\times4\times3}{4}\times(9+\frac{2+2}{3})\fallingdotseq97.4m^3$$

43
정답 ④

지정수량의 배수$=\frac{\text{저장수량의 합}}{\text{지정수량}}$이므로 각각의 지정수량의 배수는 다음과 같다.

- 유황 : $\frac{150}{100}=1.5$
- 금속나트륨 : $\frac{50}{10}=5$
- 황화린 : $\frac{250}{100}=2.5$

$\therefore 1.5+5+2.5=9$

44
정답 ①

메탄올(400L) < 클로로벤젠(1,000L) < 동식물유류(10,000L) 순서이다.

45
정답 ④

제6류 위험물의 운반용기 외부에는 "가연물접촉주의"가 표시되어야 한다. 위험물의 운반용기 외부에 표시하여야 하는 주의사항에 "화기엄금"이 포함된 것은 다음과 같다.

- 제2류 위험물 중 인화성고체
- 제3류 인화물 중 자연발화성물질
- 제4류 위험물
- 제5류 위험물

46
정답 ①

제3류 위험물 중 금수성물질을 저장 · 취급하는 제조소에 설치해야 하는 주의사항은 "물기엄금"이므로 청색바탕에 백색 문자를 써서 나타내야 한다.

게시판의 종류 및 색상

종류	바탕색	문자색
위험물제조소등	백색	흑색
위험물운반차량	흑색	황색반사도료
주유중엔진정지	황색	흑색
화기엄금/화기주의	적색	백색
물기엄금	청색	백색

47
정답 ②

지정수량 500배 초과 1,000배 이하의 경우 보유공지 너비가 5m 이상이다.

옥외탱크저장소의 보유공지 너비

위험물 최대수량	공지 너비
지정수량 500배 이하	3m 이상
지정수량 500배 초과 1,000배 이하	5m 이상
지정수량 1,000배 초과 2,000배 이하	9m 이상
지정수량 2,000배 초과 3,000배 이하	12m 이상
지정수량 3,000배 초과 4,000배 이하	15m 이상
지정수량 4,000배 초과	최대지름과 높이 중 큰 것 (다만, 30m 초과는 30m 이상으로, 15m 미만은 15m 이상으로 함)

48 정답 ②

동식물유류의 요오드값이 클수록 자연발화의 위험이 큰데, 아마인유는 요오드값이 130 이상인 건성유에 속하여 자연발화의 위험성이 가장 크다. 야자유, 올리브유, 피마자유는 모두 요오드값이 100 이하인 불건성유이다.

49 정답 ④

아세트산은 제4류 위험물이고 과산화나트륨은 제1류 위험물로, 혼합 시 폭발의 위험이 있어 혼재 불가하다.

① 칼륨은 물과의 반응을 차단하기 위해 석유(등유, 경유, 파라핀) 속에 보관한다.
② 이황화탄소의 가연성 증기 발생 억제를 위해 물속에 저장한다.
③ 과망간산칼륨은 물과 반응하지 않는다.

50 정답 ②

인화점이 1기압에서 21℃ 이상, 70℃ 미만인 물질은 제4류 위험물 중 제2석유류이다. 제2석유류에는 등유, 경유, 초산(아세트산), 클로로벤젠 등이 있다.

① 제1석유류
③ 제1석유류, 제3석유류
④ 동식물유류, 제2석유류

51 정답 ②

위험물안전관리법에 따른 취급소로는 주유취급소, 판매취급소, 이송취급소, 일반취급소가 있다.

52 정답 ④

옥외저장탱크의 지름이 15m 미만인 경우에 방유제는 탱크의 옆판으로부터 탱크 높이의 1/3 이상 이격하여야 한다. 지름이 15m 이상인 경우에는 탱크 높이의 1/2 이상 이격해야 한다.

53 정답 ②

8,000V 특고압가공전선은 7,000V 초과 35,000V 이하인 특고압가공전선이므로 3m 이상의 안전거리를 두어야 한다.

① 10m 이상
③ 30m 이상
④ 20m 이상

제조소의 안전거리 기준

구분	안전거리
7,000V 초과 35,000V 이하 특고압가공전선	3m 이상
35,000V 초과 특고압가공전선	5m 이상
주택	10m 이상
가스 저장 · 취급 시설	20m 이상
학교, 병원, 극장 등 다수인을 수용하는 시설	30m 이상
문화재	50m 이상

54 정답 ③

금속나트륨과 물이 반응하면 수소가 생성된다.

55 정답 ②

$(CH_3)_2CHCH_2OH$(이소부탄올)는 제4류 위험물 중 제2석유류이다.

56 정답 ②

알루미늄분은 물과 반응하여 수소를 발생시키므로 건조한 상태에서 보관하여야 한다.

57 정답 ④

적린은 안정하여 공기 중에서 자연발화하지 않는다. 공기 중에서 자연발화하기 쉬워, 물 속에 보관하는 것은 황린이다.

58 정답 ①

트리니트로페놀(피크린산, 피크르산)은 철, 구리와 같은 금속을 부식시키기 때문에 철, 구리로 만든 용기에 저장하면 안 된다.

59 정답 ②

아마인유는 건성유에 속하며 자연발화의 위험이 높다.

60 정답 ④

제5류 위험물의 경우 자기반응성 물질이기 때문에 질식소화는 적절하지 않으며, 다량의 물로 냉각소화 해야 한다.

① 질산메틸, 니트로글리세린, 니트로글리콜은 상온에서 액체로 존재한다. 제5류 위험물 중 니트로셀룰로오스, 트리니트로톨루엔이 상온에서 고체로 존재한다.
② $C_6H_2CH_3(NO_2)_3$는 트리니트로톨루엔으로, 제5류 위험물에 해당하며 제5류 위험물은 가연물인 동시에 다량의 산소를 함유하고 있어 자기연소가 가능하다.
③ 니트로셀룰로오스는 질산에스테르류에 속한다.

PART 2 정답 및 해설

1과목 일반화학

01	②	02	②	03	①	04	④	05	③
06	①	07	①	08	③	09	④	10	②
11	②	12	③	13	③	14	①	15	④
16	④	17	③	18	③	19	②	20	②

2과목 화재예방과 소화방법

21	③	22	④	23	③	24	③	25	②
26	④	27	②	28	④	29	④	30	③
31	③	32	③	33	①	34	②	35	②
36	②	37	③	38	①	39	②	40	②

3과목 위험물의 성질과 취급

41	①	42	③	43	②	44	③	45	③
46	④	47	②	48	②	49	①	50	②
51	②	52	①	53	③	54	②	55	④
56	③	57	①	58	④	59	④	60	③

1과목 일반화학

01 정답 ②

$aA+bB \rightleftarrows cC+dD$에서 평형상수 $K=\frac{[C]^c[D]^d}{[A]^a[B]^b}$

그러므로 $N_2+3H \rightleftarrows 2NH_3$의 반응에 있어서

평형상수 $K=\frac{[NH_3]^2}{[N_2][H]^3}$

02 정답 ②

α붕괴 시 원자번호는 -2, β붕괴 시 원자번호는 $+1$이 되므로 $92-2+1=91$, 생성된 Pa의 원자번호는 91이다.

방사선 종류와 특징

구분	α붕괴	β붕괴
질량수	-4	변화×
원자번호	-2	$+1$

03 정답 ①

투과력은 'α선<β선<γ선'의 순서이다.

② 형광작용 : γ선<α선

③ 감광작용 : γ선<α선

④ 전리작용 : γ선<α선

04 정답 ④

s보다 p의 에너지준위가 더 높으므로 A에서 B로 갈 때 에너지를 흡수한다.

05 정답 ③

16족 원소이므로 최외각 전자 수는 6개이다.

06 정답 ①

• Na^+ 1mol$+$$Cl^-$ 1mol$=$2mol

• 수소분자 H_2 : 수소원자 2mol=양성자수 2mol

② $\frac{1}{2}O_2=\frac{1}{2}$(산소원자 2mol)

$=\frac{1}{2}$(양성자수 16mol)=8mol

③ 1mol

④ 탄소원자 1mol+산소원자 2mol=3mol

07 정답 ①

Sc, V, Cu는 모두 전이원소이다.

② Rb은 금속원소이다.

③ Kr은 비활성기체이다.

④ Sr은 금속원소이다.

08 정답 ③

C_2H_4에서 C와 C 사이의 이중결합은 시그마 결합이고, p오비탈끼리는 파이 결합을 한다.

09 정답 ④

pH값이 작을수록 산성, 클수록 알칼리성(염기성)이므로 알칼리성이 가장 큰 것은 pH값이 가장 큰 값을 고르면 된다.

10 정답 ②

$pH=-\log[H^+]$

$=-\log(0.1\times0.75)$

$=1.12$

11 정답 ②

일반적으로 비금속 산화물이 산성 산화물이 되고, 금속 산화물이 염기성 산화물이 된다. 다만 알루미늄, 아연, 주석 등의 산화물은 양성 산화물이라 한다.

12 정답 ③

H_2O에서 양성자(H^+)를 내놓고 OH^-가 되었다.

13 정답 ③

탄소 간 이중결합이 있으면서 결합된 원자, 원자단의 위치가 바뀔 수 있어야 한다. $CH_3-CH=CH-CH_3$는 다음과 같은 기하 이성질체를 갖는다.

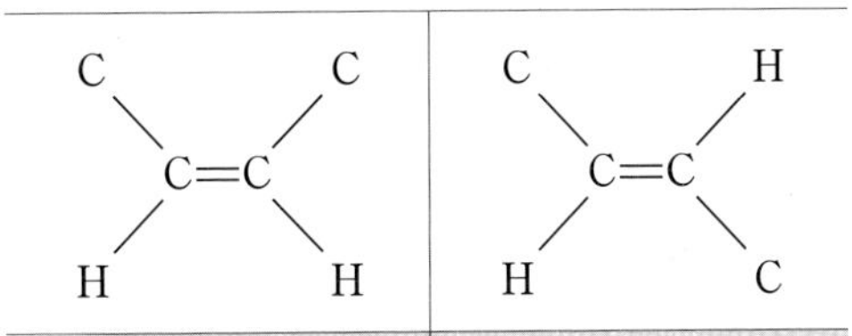

C, C / C=C / H, H	C, H / C=C / H, C
cis−2−butene	trans−2−butene

14 정답 ①

TNT는 황산 촉매 하에 톨루엔과 질산을 반응시켜 만든다.

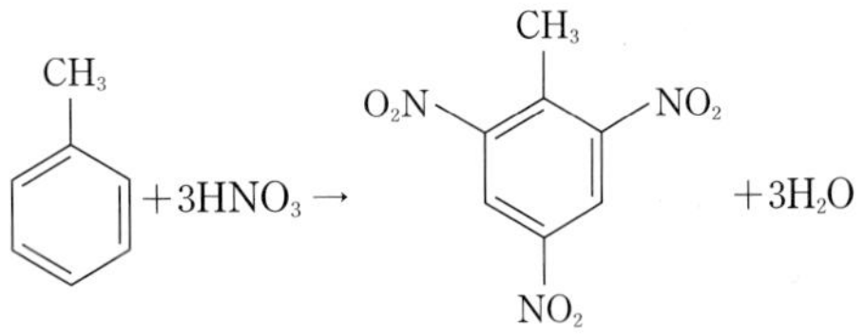

톨루엔(CH_3-벤젠) $+3HNO_3 \rightarrow$ TNT(CH_3, O_2N, NO_2, NO_2) $+3H_2O$

15 정답 ④

자일렌은 벤젠의 수소 원자 2개가 메틸기로 치환된 것이고, 아스피린은 살리실산의 유도체이다.

16 정답 ④

배수비례의 법칙이 성립하려면 두 종류의 원소가 화합하여 2종류 이상의 화합물을 만들어야 한다.

17 정답 ③

• 용해도$=\frac{용질}{용매}\times100$

• 용매=용액−용질

용매=80−30=50이므로 용해도는 $\frac{30}{50}\times100=60$

18 정답 ③

③ $K_2\underline{Cr_2}O_7$: $(+1\times2)+(Cr\times2)+(-2\times7)=0$
→ Cr의 산화수 +6

① $K_3[\underline{Fe}(CN)_6]$: $(+1\times3)+(Fe)+(-1\times6)=0$
→ Fe의 산화수 +3

② $H\underline{N}O_3$: $(+1)+(N)+(-2\times3)=0$
→ N의 산화수 +5

④ $\underline{S}O_2$: $(S)+(-2\times2)=0$
→ S의 산화수+4

19 정답 ②

보일－샤를의 법칙에 의하면 $\frac{P_1V_1}{T_1}=\frac{P_2V_2}{T_2}$이다.
이때 동일한 압력이라 하였으므로 식을 세워보면
$\frac{500\times P}{303}=\frac{V\times P}{333}$, $V=549.5$
그러므로 약 550mL이다.

보일-샤를의 법칙

- **보일의 법칙** : 일정한 온도에서 일정량의 기체의 부피는 압력에 반비례한다. → $PV=k$
- **샤를의 법칙** : 일정한 압력에서 일정량의 기체의 부피는 절대온도에 비례한다. → $\frac{V}{T}=k$
- **보일－샤를의 법칙** : 일정량의 기체의 부피는 압력에 반비례하고, 절대온도에 비례한다. → $\frac{PV}{T}=k$, $\frac{P_1V_1}{T_1}=\frac{P_2V_2}{T_2}$

20 정답 ②

비중이 1.84라는 말은 용액 1mL의 무게가 1.84g이라는 뜻이므로
황산용액 100g의 부피$=\frac{1mL}{1.84g}\times100g=54.348mL$
$=0.05435L$
80wt% 황산이라는 말은 황산용액 100g 중 황산이 80g이라는 뜻이므로
황산의 몰수$=\frac{80}{98}=0.816$
∴ 황산의 몰농도$=\frac{0.816}{0.05435}=15.01M$

2과목 화재예방과 소화방법

21 정답 ③

증발연소는 고체의 연소와 액체의 연소 모두에 속한다.

22 정답 ④

표면적(연소범위)이 넓을수록 연소가 잘 된다.

23 정답 ③

고체가연물은 덩어리 상태보다 분말일 때 공기와의 접촉 면적이 증가하여 화재 위험성이 증가한다.

24 정답 ③

제1인산암모늄($NH_4H_2PO_4$)을 주성분으로 하는 제3종 분말의 착색은 담홍색이다.
① 제1종 분말－백색
② 제2종 분말－담회색
④ 제4종 분말－회색

분말 소화약제

구분	내용
제1종	• 주성분 : $NaHCO_3$(탄산수소나트륨) • 착색 : 백색 • 적응화재 : B, C
	$2NaHCO_3 \rightarrow Na_2CO_3+CO_2+H_2O$
제2종	• 주성분 : $KHCO_3$(탄산수소칼륨) • 착색 : 담회색 • 적응화재 : B, C
	$2KHCO_3 \rightarrow K_2CO_3+CO_2+H_2O$
제3종	• 주성분 : $NH_4H_2PO_4$(제1인산암모늄) • 착색 : 담홍색 • 적응화재 : A, B, C
	$NH_4H_2PO_4 \rightarrow HPO_3+NH_3+H_2O$
제4종	• 주성분 : $2KHCO_3+(NH_2)_2CO$(탄산수소칼륨+요소) • 착색 : 회색 • 적응화재 : B, C
	$2KHCO_3+(NH_2)_2CO \rightarrow K_2CO_3+2NH_3+2CO_2$

25 정답 ②

올소인산(H_3PO_4)은 목재나 섬유 등을 구성하고 있는 섬유소를 탄소로 변화시키는 탈수 · 탄화작용을 하고, 메타인산(HPO_3)은 부착성 좋은 피막을 형성하여 산소의 유입을 차단한다.

제3종 분말소화약제의 소화원리
- **질식효과** : 생성된 불연성 가스(NH_3, H_2O)에 의함
- **냉각효과** : 흡열반응에 의함
- **부촉매효과** : 유리된 NH_4^+와 분말 표면 흡착에 의함
- **열방사차단 효과** : 올소인산(H_3PO_4)－탈수 및 탄화효과, 메타인산(HPO_3)－방진효과에 의함

26 정답 ④

제2종 분말소화약제의 분해 반응식은 다음과 같다.

$2KHCO_3 \rightarrow K_2CO_3 + CO_2 + H_2O$

27 정답 ②

질소와 이산화탄소는 분말 소화기에서 가압용 또는 축압용으로 많이 쓰이는 가스이다.

28 정답 ④

물의 압력으로 인해 피연소 물질에 대한 피해가 발생할 수 있다.

물 소화약제

장점	단점
• 기화열(기화잠열, 증발잠열)이 커 냉각효과가 뛰어남 • 구하기 쉬우며 취급이 간편함 • 이송이 비교적 용이하며 장기간 저장 및 보존이 가능함 • 냉각효과가 우수하고 질식효과, 유화효과도 얻을 수 있음	• 소화약제로 쓰이는 물은 전해질을 포함하여 방사 후 2차 피해의 우려가 있음 • 금속화재에는 소화효과가 없음 • 물보다 가벼운 유류 소화 작업 시 연소면 확대의 우려가 있음 • 피연소 물질에 대한 피해발생의 우려가 있음

29 정답 ④

$NH_4H_2PO_4$는 제3종 분말소화약제로 쓰이는 인산암모늄이다.

30 정답 ③

펌프의 전양정(H)을 구하는 식은 $H = h_1 + h_2 + h_3 + 35m$ (h_1 : 소방용 호스의 마찰손실수두, h_2 : 배관의 마찰손실수두, h_3 : 낙차)이므로 주어진 수치를 식에 대입한다.

h_1 : 7.5, h_2 : 2.2, h_3 : 27.3이므로

$$H = h_1 + h_2 + h_3 + 35m$$
$$= 7.5 + 2.2 + 27.3 + 35$$
$$= 72m$$

31 정답 ③

Halon 번호는 앞에서부터 C－F－Cl－Br－I의 개수를 나타낸다. CH_2ClBr은 C와 Cl, Br이 각각 1개씩 있으므로

C	F	Cl	Br
1	0	1	1

이 되어 Halon 1011이 된다.

① CCl_4－Halon 104
② CH_3I－Halon 10001
④ $C_2F_4Br_2$－Halon 2402

32 정답 ③

라인 프로포셔너는 펌프와 발포기의 중간에 설치된 벤추리관의 벤추리 작용에 의해 포소화약제를 흡입 및 혼합하는 방식이다.

① **압축공기포소화설비** : 압축공기 또는 압축질소를 일정비율로 포수용액에 강제로 주입 · 혼합하는 방식
② **펌프 프로포셔너** : 펌프의 토출관과 흡입관 사이 배관의 도중에 설치한 흡입기에 펌프로부터 토출된 물의 일부를 보내고, 농도 조정 밸브에서 조정된 포소화약제의 필요량을 포소화약제 탱크에서 펌프 흡입측으로 보내어 이를 혼합하는 방식
④ **프레저 사이드 프로포셔너** : 펌프와 발포기의 중간에 설치된 벤투리관의 벤투리 작용과 펌프 가압수의 포 소화약제 저장탱크에 대한 압력에 의하여 포 소화약제를 흡입 · 혼합하는 방식

PART 2 정답 및 해설

33 정답 ①

이산화탄소소화설비 저장용기 충전비는 다음과 같다.
- **고압식** : 1.5 이상 1.9 이하
- **저압식** : 1.1 이상 1.4 이하

34 정답 ②

개폐밸브에는 그 개폐방향을, 체크밸브에는 그 흐름방향을 표시한다.

35 정답 ②

니트로화합물의 지정수량은 200kg

위험물의 소요단위$=\frac{\text{주어진 양}}{\text{지정수량}\times 10}$

$\therefore \frac{40,000}{200\times 10}=20$소요단위

소요단위

위험물의 소요단위$=\frac{\text{주어진 양}}{\text{지정수량}\times 10}$

구분	내화구조	비내화구조
제조소	$100m^2$	$50m^2$
취급소		
저장소	$150m^2$	$75m^2$
위험물	지정수량×10	

36 정답 ②

가장 많이 설치된 층의 옥내소화전 개수×$7.8m^3$(단, 5개 이상인 경우는 5개로 계산)
2층에 가장 많은 6개를 설치하였고, 5개 이상이므로 5로 계산하여 5×7.8=$39m^3$이다.

37 정답 ③

스프링클러헤드는 그 부착장소의 평상시의 최고주위온도에 따라 다음의 표시온도를 갖는다.

최고주위온도(℃)	표시온도(℃)
28 미만	58 미만
28 이상 39 미만	58 이상 79 미만
39 이상 64 미만	79 이상 121 미만
64 이상 106 미만	121 이상 162 미만
106 이상	162 이상

38 정답 ①

- **제3류 위험물 중 금수성 물질** : 탄산수소염류분말소화기, 마른 모래, 팽창질석, 팽창진주암
- **제3류 위험물 금수성 이외의 물질** : 포소화설비

39 정답 ②

가솔린은 제4류 위험물로, 봉상강화액소화기와 같은 물을 이용한 소화는 적응성이 없으나, 무상강화액소화기와 같이 물을 안개 형태로 주수하면 질식효과가 있어 사용이 가능하다.
① 알칼리금속과산화물은 물과 격렬히 반응하여 산소를 발생시키므로 물통을 사용하면 안 되고 탄산수소염류 분말소화설비, 건조사, 팽창질석, 팽창진주암 등을 사용해야 한다.
③ 디에틸에테르는 제4류 위험물로, 물을 사용한 봉상강화액소화기는 적응성이 없고, 포소화기, 이산화탄소소화기, 할로겐화합물 소화기 등을 사용해야 한다.
④ 마그네슘 분말은 이산화탄소와 반응하여 가연성이 있는 일산화탄소 또는 탄소를 생성하므로 사용해서는 안 된다.

40 정답 ②

수용성인 가연성 액체의 화재에는 수성막포에 의한 소화가 효과 없다.

3과목 위험물의 성질과 취급

41 정답 ①

제5류와 제2류는 혼재 가능하다.
① 질산메틸(제5류) – 적린(제2류)
② 과망간산칼륨(제1류) – 경유(제4류)
③ 마그네슘(제2류) – 과산화수소(제6류)
④ 알킬알루미늄(제3류) – 질산(제6류)

42 정답 ③

암반탱크의 공간용적은 탱크 내에 용출하는 7일 간의 지하수의 양에 상당하는 용적과 탱크의 내용적의 100분의 1의 용적 중에서 큰 용적으로 한다.

- 내용적 10억 리터 $\times \frac{1}{100}=$1천만 리터
- 지하수의 양 3백만 리터 $\times$ 7일 $=$ 2천 1백만 리터

2천 1백만 리터가 더 큰 용적이므로 공간용적이 된다.

43 정답 ②

지정수량의 배수 $=\frac{\text{저장수량의 합}}{\text{지정수량}}$이므로 각각의 지정수량의 배수는 다음과 같다.

- 등유 : $\frac{500}{1,000}=0.5$
- 경유 : $\frac{1,500}{1,000}=1.5$
- 벤젠 : $\frac{700}{200}=3.5$

$\therefore\ 0.5+1.5+3.5=5.5$

44 정답 ③

나트륨(10kg) < 황화린(100kg) < 인화성고체(1,000kg) 순서이다.

45 정답 ③

제3류 인화물 중 자연발화성물질의 운반용기 외부에는 "공기접촉엄금"과 "화기엄금"이 표시되어야 한다.

① 화기주의, 물기엄금
② 화기엄금
④ 물기엄금

46 정답 ④

주유중엔진정지 게시판의 바탕색은 황색, 문자색은 흑색이다.

47 정답 ②

지정수량 1,000배 초과 2,000배 이하의 경우 보유공지 너비가 9m 이상이다.

① 지정수량 500배 초과 1,000배 이하－5m 이상
③ 지정수량 2,000배 초과 3,000배 이하－12m 이상
④ 지정수량 3,000배 초과 4,000배 이하－15m 이상

48 정답 ②

야자유는 요오드값이 100 이하인 불건성유에 속하며 요오드값이 가장 작다. 정어리기름, 동유, 아마인유는 모두 요오드값이 130 이상으로 건성유에 속한다.

49 정답 ①

나트륨은 물과의 반응을 차단하기 위해 석유(등유, 경유, 파라핀 등) 속에 보관한다. 그러므로 이 두 물질을 혼합하였을 때 안정하다고 볼 수 있다.

② 산화제인 과염소산칼륨과 가연물인 적린이 혼합하면 가열, 충격 등에 의해 연소 · 폭발할 수 있다.
③ 벤조일퍼옥사이드는 제5류 위험물이고 질산은 제6류 위험물로, 두 물질을 혼합하게 되면 발화 또는 폭발의 위험이 높다.
④ 아염소산나트륨은 제1류 위험물이고 티오황산나트륨은 환원제로 작용하므로 발화 또는 폭발의 위험이 높다.

50 정답 ②

위험물안전관리법령에서 정의한 특수인화물의 조건은 1기압에서 발화점이 100℃ 이하인 것 또는 인화점이 영하 20℃ 이하이고 비점이 40℃ 이하인 것이다. 그러므로 $100+20+40=160$이다.

51 정답 ②

위험물안전관리법에 따른 취급소로는 주유취급소, 판매취급소, 이송취급소, 일반취급소가 있다.

52 정답 ①

지름은 30mm 이상으로 하고, 끝부분은 수평면보다 45도 이상 구부려 설치해야 한다.

밸브 없는 통기관 설치기준

- 지름은 30mm 이상일 것
- 끝부분은 수평면보다 45도 이상 구부려 빗물 등의 침투를 막는 구조로 할 것
- **방지장치**
  - 인화점 38℃ 미만 위험물 저장 · 취급 탱크 : 화염방지장치
  - 그 외의 탱크 : 40메쉬(mesh) 이상의 구리망 또는 동등 이상의 성능을 가진 인화방지장치
- 가연성의 증기를 회수하기 위한 밸브를 통기관에 설치하는 경우 항상 개방되어 있는 구조로 하는 한편, 폐쇄하였을 경우에 있어서는 10kPa 이하의 압력에서 개방되는 구조로 할 것

53 정답 ③

문화재보호법의 규정에 의한 유형문화재와 기념물 중 지정문화재의 안전거리는 50m 이상이고, 나머지는 모두 30m 이상이다.

54 정답 ②

과산화칼륨과 물의 반응식은 다음과 같다.

$2K_2O_2+2H_2O \rightarrow 4KOH+O_2\uparrow$

즉, 과산화칼륨과 물이 반응하면 수산화칼륨과 산소가 생성됨을 알 수 있다.

55 정답 ④

클로로벤젠은 제4류 위험물 중 제2석유류이다. 나머지는 모두 제4류 위험물 중 제3석유류이다.

56 정답 ③

이황화탄소는 물에 저장해야 한다.

빈출 위험물 보호액

- **금속칼륨, 금속나트륨** : 등유, 경유, 유동파라핀, 벤젠 등
- **황린** : pH9의 물
- **이황화탄소** : 물
- **니트로셀룰로오스** : 물 또는 알코올

57 정답 ①

적린의 연소생성물은 P_2O_5로, 황린과 같다.

② 적린은 물과 격렬히 반응하지 않는다.

③ 적린과 염소산염류를 혼재하면 위험성이 커진다.

④ 적린은 안정하여 공기 중에서 자연발화하지 않는다. 그래서 성냥에 쓰이기도 한다.

58 정답 ④

인화칼슘은 물과 반응하여 불연성이 아니라 가연성의 포스핀 가스(PH_3)를 생성한다.

인화칼슘과 물의 반응식은 다음과 같다.

$Ca_3P_2+6H_2O \rightarrow 3Ca(OH)_2+2PH_3\uparrow$

59 정답 ④

벤젠은 물보다는 비중 값이 작고, 공기보다는 증기비중이 크다.

① 공명구조를 가지고 있는 불포화탄화수소이다.

② 인화점이 −11℃이므로 겨울에도 인화의 위험이 높다.

③ 벤젠은 물에 녹지 않는 무색투명한 휘발성 액체로 자극적이고 독특한 냄새가 있는 액체이며 증기는 마취성과 독성이 있다.

60 정답 ③

제4류 위험물의 위험등급은 다음과 같다.

위험등급 I	위험등급 II	위험등급 III
특수인화물	• 제1석유류 • 알코올류	• 제2석유류 • 제3석유류 • 제4석유류 • 동식물유류

① HCN을 제외하고 대부분의 제4류 위험물에서 발생하는 증기는 모두 공기보다 무겁다.

② 제1석유류~제4석유류는 비점이 아닌 인화점으로 구분한다.

④ 액체비중은 대체로 물보다 가벼운 것이 많다.

1과목 일반화학

01	②	02	①	03	④	04	①	05	④
06	③	07	③	08	③	09	③	10	④
11	②	12	②	13	②	14	②	15	③
16	④	17	②	18	④	19	②	20	④

2과목 화재예방과 소화방법

21	④	22	①	23	③	24	②	25	①
26	③	27	③	28	①	29	①	30	②
31	①	32	①	33	④	34	④	35	③
36	③	37	①	38	③	39	③	40	①

3과목 위험물의 성질과 취급

41	②	42	③	43	②	44	①	45	①
46	②	47	③	48	①	49	②	50	④
51	④	52	④	53	①	54	①	55	④
56	④	57	④	58	②	59	①	60	③

1과목 일반화학

01 정답 ②

$$\begin{aligned}\Delta G^\circ &= -RT\ln K \\ &= -8.314\times(20+273)\times\ln(6.55) \\ &= -4{,}578\mathrm{J/mol} \\ &= -4.58\mathrm{kJ/mol}\end{aligned}$$

02 정답 ①

질량수는 −4, 원자번호는 −2가 되었으므로 α붕괴가 일어났음을 알 수 있다.

03 정답 ④

- F^- : $F(2/7) \rightarrow F^-(2/8)$
- Mg^{2+} : $Mg(2/8/2) \rightarrow Mg^{2+}(2/8)$

① Ca^{2+} : $Ca(2/8/8/2) \rightarrow Ca^{2+}(2/8/8)$
② Ar : 2/8/8
③ Cl^- : $Cl(2/8/7) \rightarrow Cl^-(2/8/8)$

04 정답 ①

Be은 4번 원소로 $1s^2 2s^2$의 전자 배치를 갖는데, 전자 2개를 내놓고 Be^{2+} 이온이 되면 $1s^2$의 전자 배치를 갖는 He과 동일한 전자 배치가 된다.

05 정답 ④

비소(As)는 33번 원소이자 15족 원소이므로 최외각전자의 개수가 8개가 되려는 성질인 옥텟규칙에 따르면 3개의 전자를 얻어 36번 원소인 Kr과 같은 전자수가 되려 한다.

06 정답 ③

화학적 성질이 비슷하려면 원자가전자의 수가 같아야 하므로 원소의 족이 같아야 한다.

07 정답 ③

반응성은 Li<Na<K<Rb<Cs로 커진다.

08 정답 ③

p오비탈에는 오비탈이 3개, d오비탈에는 오비탈이 5개 있는데, 1개의 오비탈에는 전자 2개가 배치될 수 있으므로, 수용할 수 있는 최대 전자의 총수는 6, 10이다.

오비탈

오비탈	s	p	d	f
오비탈 수	1	3	5	7
최대전자 수	2	6	10	14

09 정답 ③

$pH=5.4 \rightarrow -\log[H^+]=5.4,\ \therefore 10^{-5.4}$

$10^{-5.4}=3.98\times10^{-6}M$

10 정답 ④

HF는 수소결합을 하고 있으므로 끓는점이 가장 높다. 그 다음으로는 분자량이 클수록 끓는점도 높아지므로 HF≫HI>HBr>HCl의 순서가 된다.

11 정답 ②

금속 산화물인 산화나트륨이 염기성 산화물에 해당된다.

12 정답 ②

H_2O에서 양성자(H^+)를 얻고 H_3O^+가 되었다.

13 정답 ②

크레졸은 벤젠에서 수소 원자 하나는 메틸기로, 또 다른 하나는 $-OH$기로 치환된 유기화합물이다. 다음과 같은 이성질체가 존재한다.

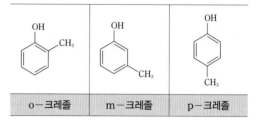

OH, CH_3 (ortho)	OH, CH_3 (meta)	OH, CH_3 (para)
o−크레졸	m−크레졸	p−크레졸

14 정답 ②

나일론−66은 아디프산과 헥사메틸렌디아민이 축합중합반응을 통해 결합하여 펩티드 결합($-CONH-$)을 형성하며 만들어진다.

축합중합 반응

단위체에 $-COOH$, $-OH$, NH_2 등의 작용기가 두 개씩 있는 분자들이 거듭 축합되어 거대한 고분자를 만들어내는 반응

15 정답 ③

벤젠은 물에는 잘 녹지 않고 알코올, 에테르 등에 잘 녹는다.

① 첨가반응보다는 치환반응이 지배적이다.

② 화학식은 C_6H_6이다.

④ 벤젠은 공명구조를 가지기 때문에 안정한 방향족 화합물이다.

16 정답 ④

기체 확산 속도는 기체의 밀도(또는 분자량)의 제곱근에 반비례한다는 그레이엄의 법칙은 미지의 기체 분자량 측정에 이용할 수 있는 법칙이다.

17 정답 ②

50℃ 100g 물에 최대 90g의 질산칼륨이 녹을 수 있으므로 포화용액 570g에는 질산칼륨 270g, 물 300g이 있다.

30℃ 100g 물에 최대 40g의 질산칼륨이 녹을 수 있으므로 물 300g에는 최대 120g의 질산칼륨이 녹을 수 있다.

그러므로 270−120=150g이 석출된다.

18 정답 ④

구분	식	산화수
H_3PO_4	$(+1\times3)+(P)+(-2\times4)=0$	+5
$HClO_3$	$(+1)+(Cl)+(-2\times3)=0$	+5

①

구분	식	산화수
$Cr_2O_7^{2-}$	$(Cr\times2)+(-2\times7)=-2$	+6
KNO_3	$(+1)+(N)+(-2\times3)=0$	+5

②

구분	식	산화수
CCl_4	$(C)+(-1\times4)=0$	+4
$Na_2Cr_2O_7$	$(+1\times2)+(Cr\times2)+(-2\times7)=0$	+6

③

구분	식	산화수
$KMnO_4$	$(+1)+(Mn)+(-2\times4)=0$	+7
Ag_2S	$(+1\times2)+(S)=0$	−2

19 정답 ②

이상기체 상태방정식에 의하면

$P=760mmHg=1atm$

$V=3L$

$R=0.082atm\cdot L/mol\cdot K$

$T=27+273=300K$

$n=\frac{PV}{RT}=\frac{1\times3}{0.082\times300}=0.12mol$

이상기체 상태방정식

$PV=nRT=\frac{w}{M}RT$

(P : 압력, V : 부피, n : 몰수, R : 기체상수, T : 절대온도, w : 질량, M : 분자량)

- $1atm=760mmHg$
- 절대온도 $K=℃+273$
- $R=0.082atm\cdot L/mol\cdot K$

20 정답 ④

황산(H_2SO_4)의 분자량은 98이고, 황산의 당량수는 2이다.

들어있는 황산의 몰수$=\frac{49}{98}=0.5$몰

노르말농도=몰농도×당량수이므로

몰농도$=\frac{0.5몰}{0.25L}=2$, 노르말농도$=2\times2=4N$이다.

2과목 화재예방과 소화방법

21 정답 ④

숯의 연소는 표면연소이다.

22 정답 ①

자연발화가 잘 일어나려면 열전도율은 낮아야 한다.

자연발화 조건

- 주위 습도가 높을 것
- 주위 온도가 높을 것
- 발열량이 클 것
- 표면적이 넓을 것
- 열전도율이 낮을 것

23 정답 ③

적린의 연소반응식은 다음과 같다.

$4P+5O_2 \rightarrow 2P_2O_5$

적린 4mol이 연소하는 데 산소 5mol이 필요하므로, 적린 2mol이 연소하는 데에는 산소 2.5mol이 필요하다. 표준상태에서 기체 1mol의 부피는 22.4L이므로 산소 2.5mol의 부피는 $22.4\times2.5=56L$이다. 공기 중 산소량이 21vol%이므로 $\frac{56}{0.21}=266.6≒267L$

24 정답 ②

탄산수소나트륨이 주성분인 분말소화약제는 제1종 분말로, 착색은 백색이다. 제2종 분말인 탄산수소칼륨은 담회색이며, 요소와 함께 쓰여 제4종 분말로 쓰일 때는 회색이다.

25 정답 ①

분말 소화약제의 열분해 반응을 통해 생성된 CO_2, H_2O, HPO_3에 의해 질식효과로 소화작용을 할 수 있다.

26 정답 ③

탄산수소칼륨 소화약제 열분해 반응식은 다음과 같다.
$2KHCO_3 \rightarrow K_2CO_3 + CO_2 + H_2O$
그러므로 K_2O는 이 반응에서 생성되는 물질이 아니다.

27 정답 ③

억제소화는 연쇄반응을 차단하는 소화 방법으로 부촉매소화라고도 불리며, 화학적 소화에 해당된다. 질식소화, 냉각소화, 제거소화는 모두 물리적 소화에 해당된다.

소화의 종류

소화의 원리	소화의 종류	소화 방법
물리적 소화	냉각소화	가연물의 온도를 낮춤
	질식소화	산소 농도를 낮춤
	제거소화	가연물을 제거함
화학적 소화	억제소화 (부촉매소화)	연쇄반응을 차단함

28 정답 ①

봉상주수는 소방 노즐에서 분사된 물줄기(물기둥)로 소화하는 방법으로, 전기 화재인 C급 화재에는 적절하지 않다.

물 소화약제 방사방법

- **봉상주수** : 옥내외 소화전과 같이 소방 노즐에서 분사되는 굵은 물줄기(물기둥)
- **적상주수** : 스프링클러 등과 같이 방사형으로 물방울이 뿜어져 나감
- **무상주수** : 안개 모양으로 방사되는 분무형태로 C급 전기화재에 적응성이 좋음

29 정답 ①

트리클로로실란은 소화약제 제조에 사용되지 않는다.

30 정답 ②

압력수조의 최소 압력(P)을 구하는 식은
$P = p_1 + p_2 + p_3 + 0.35MPa$이다.

31 정답 ①

Halon 번호는 앞에서부터 C−F−Cl−Br−I의 개수를 나타낸다. Halon 1202는

C	F	Cl	Br
1	2	0	2

이 되어 CF_2Br_2를 나타낸다. 그러므로 함유되지 않은 원소는 H이다.

32 정답 ①

위험물안전관리에 관한 세부기준 제135조에 의하면 하론 2402의 방사압력은 0.1MPa 이상이어야 한다.

할로겐화물 분사헤드 방사압력

종류	방사압력(~이상)
하론 2402	0.1MPa
하론 1211	0.2MPa
하론 1301	0.9MPa
HFC−23	
HFC−125	
HFC−227ea	0.3MPa
FK−5−1−12	

33 정답 ④

저압식 저장용기에는 액면계 및 압력계, 파괴판, 방출밸브, 압력경보장치(2.3MPa 이상 및 1.9MPa 이하의 압력에서 작동), 자동냉동기(용기 내부 온도를 영하 20℃ 이상 영하 18℃ 이하로 유지)를 설치해야 한다.

34 정답 ④

축전지설비를 설치한 실에는 옥외로 통하는 유효한 환기설비를 설치해야 한다.

축전지설비 규정

- 축전지설비는 설치된 실의 벽으로부터 0.1m 이상 이격할 것
- 축전지설비를 동일실에 2 이상 설치하는 경우에는 축전지설비의 상호간격은 0.6m(높이가 1.6m 이상인 선반 등을 설치한 경우에는 1m) 이상 이격할 것
- 축전지설비는 물이 침투할 우려가 없는 장소에 설치할 것
- 축전지설비를 설치한 실에는 옥외로 통하는 유효한 환기설비를 설치할 것
- 충전장치와 축전지를 동일실에 설치하는 경우에는 충전장치를 강제의 함에 수납하고 당해 함의 전면에 폭 1m 이상의 공지를 보유할 것

35 정답 ③

탄화칼슘의 지정수량은 300kg

$$\text{위험물의 소요단위} = \frac{\text{주어진 양}}{\text{지정수량} \times 10}$$

$$\therefore \frac{15,000}{300 \times 10} = 5\text{소요단위}$$

빈출 위험물의 지정수량

- 디에틸에테르 : 50L
- 피리딘 : 400L
- 메탄올 : 400L
- 아세톤 : 400L
- 클로로벤젠 : 1,000L
- 경유 : 1,000L
- 동식물유류 : 10,000L
- 탄화칼슘 : 300kg

36 정답 ③

가장 많이 설치된 층의 옥내소화전 개수×7.8m^3(단, 5개 이상인 경우는 5개로 계산)
2층에 가장 많은 8개를 설치하였고, 5개 이상이므로 5로 계산하여 $5 \times 7.8 = 39\text{m}^3$이다.
단, $1\text{m}^3 = 1,000\text{L}$이므로 $39\text{m}^3 = 39,000\text{L}$

37 정답 ①

스프링클러헤드는 헤드의 축심이 당해 헤드의 부착면에 대하여 직각이 되도록 설치해야 한다.

38 정답 ③

제조소 또는 일반취급소에서 취급하는 제4류 위험물의 최대수량의 합이 지정수량의 몇 배인지에 따라 자체소방대에 두는 화학소방자동차 및 인원은 다음과 같다.

사업소 구분	화학소방자동차	자체소방대원 수
3천배 이상 12만배 미만	1대	5인
12만배 이상 24만배 미만	2대	10인
24만배 이상 48만배 미만	3대	15인
48만배 이상	4대	20인

39 정답 ③

니트로벤젠은 제4류 위험물 중 제2석유류 비수용성으로, 이산화탄소 소화기로 질식소화 시킬 수 있다.

① 질산나트륨은 제1류 위험물로 할로겐화합물 소화기, 이산화탄소 소화기 등은 적응성이 없고 건조사, 물분무 소화설비, 포소화기 등을 사용할 수 있다.
② 톨루엔은 무상강화액 소화기로 소화한다.
④ 마그네슘은 제2류 위험물로 물과 반응하여 수소가 발생하기 때문에 포소화기는 사용할 수 없고, 건조사, 팽창질석, 팽창진주암, 탄산수소염류 분말소화기 등을 사용할 수 있다.

40 정답 ①

제5류 위험물은 내부에서 분해되며 계속해서 산소가 생성되므로 질식소화가 효과 없다. 대신 위험물이 물과 반응하지 않으므로 다량의 물을 사용하는 주수소화에 대한 적응성이 있다.

3과목 위험물의 성질과 취급

41 정답 ②

제6류와 제4류는 혼재 불가능하다.
② 과염소산(제6류) – 휘발유(제4류)
① 질산메틸(제5류) – 경유(제4류)
③ 과산화나트륨(제1류) – 과염소산(제6류)
④ 황린(제3류) – 알코올(제4류)

42 정답 ③

고체 위험물은 운반용기 내용적의 95% 이하, 액체 위험물은 운반용기 내용적의 98% 이하의 수납률로 수납해야 한다. 이때, 액체 위험물은 55℃의 온도에서 누설되지 아니하도록 충분한 공간 용적을 유지해야 한다.

43 정답 ②

지정수량의 배수$=\frac{\text{저장수량의 합}}{\text{지정수량}}$이므로 각각의 지정수량의 배수는 다음과 같다.

- **탄화칼슘** : $\frac{90}{300}=0.3$
- **질산나트륨** : $\frac{60}{300}=0.2$
- **무기과산화물** : $\frac{75}{50}=1.5$

$\therefore\ 0.3+0.2+1.5=2$

44 정답 ①

주어진 위험물의 지정수량은 각각 다음과 같다.
- **염소산염류** : 50kg
- **브롬산염류** : 300kg
- **니트로화합물** : 200kg
- **금속의 인화물** : 300kg

그러므로 모두 더하면 50+300+200+300=850kg이다.

45 정답 ①

제1류 위험물과 제6류 위험물의 운반용기 외부에는 "가연물 접촉주의"가 표시되어야 한다.

46 정답 ②

제5류 위험물 제조소에는 적색바탕에 백색문자로 "화기엄금" 주의사항을 표시해야 한다.

47 정답 ③

과산화칼륨은 제1류 위험물 중 알칼리금속의 과산화물로, 물과 반응하여 산소를 방출하므로 물기엄금해야 한다.
① 제4류 위험물
② 제6류 위험물
④ 제5류 위험물

방수성 덮개가 필요한 위험물류
- 제1류 위험물 중 알칼리금속의 과산화물
- 제2류 위험물 중 철분 · 금속분 · 마그네슘
- 제3류 위험물 중 금수성물질

48 정답 ①

요오드값이 큰 순서는 '아마인유>해바라기기름>땅콩기름' 순이다.

요오드값
- **요오드값이 크다** : 이중결합이 많아 불포화도가 크며 자연발화 위험성이 큼
- **요오드값이 작다** : 이중결합이 적어 불포화도가 작으며 자연발화 위험성이 작음
- **요오드값** : 건성유>반건성유>불건성유

건성유	• 요오드값≥130 • 해바라기기름, 동유, 아마인유, 정어리기름, 들기름 등
반건성유	• 100≤요오드값<130 • 면실유, 참기름, 옥수수기름, 채종유, 청어유 등
불건성유	• 요오드값<100 • 피마자유, 올리브유, 야자유, 땅콩기름, 고래기름, 소기름 등

49 정답 ②

나트륨은 물과의 반응을 차단하기 위해 석유(등유, 경유, 파라핀 등) 속에 보관한다. 그러므로 이 두 물질을 혼합하였을 때 안정하다고 볼 수 있다.

① 질산은 제6류 위험물이고 이황화탄소는 제4류 위험물로, 혼합 시 폭발의 위험이 있어 혼재 불가하다.
③ 질산은 제6류 위험물이고 에틸알코올은 제4류 위험물로, 혼합 시 폭발의 위험이 있어 혼재 불가하다.
④ 질산나트륨은 제1류 위험물이고 유기물은 가연물로 반응하므로, 폭발의 위험성이 있다.

50 정답 ④

피리딘은 인화점이 20℃로 가장 높다.

① −43∼−20℃
② −18℃
③ −11℃

51 정답 ④

위험물안전관리법 시행규칙 별표 18에 따르면 반드시 규격용기를 사용해야 한다는 규정은 있지 않다.

위험물 취급 중 소비에 관한 기준

- 분사도장작업은 방화상 유효한 격벽 등으로 구획한 안전한 장소에서 실시할 것
- 담금질 또는 열처리작업은 위험물이 위험한 온도에 이르지 아니하도록 하여 실시할 것
- 버너를 사용하는 경우에는 버너의 역화를 방지하고 위험물이 넘치지 아니하도록 할 것

52 정답 ④

위험물안전관리법 시행규칙 별표 6에 따르면 방유제는 인화성액체위험물(이황화탄소를 제외한다)의 옥외탱크저장소의 탱크주위에 방유제를 설치하여야 한다. 이황화탄소를 제외한다고 명시되어 있으므로 방유제를 설치하여야 한다는 설명은 틀린 내용이다.

이황화탄소의 옥외저장탱크

벽 및 바닥의 두께가 0.2m 이상이고 누수가 되지 아니하는 철근콘크리트의 수조에 넣어 보관하여야 한다. 이 경우 보유공지 · 통기관 및 자동계량장치는 생략할 수 있다.

53 정답 ①

지정수량 20배 미만의 동식물유류는 옥내저장소의 안전거리를 두지 않아도 된다.

안전거리 기준 미적용

- 지정수량 20배 미만의 제4석유류를 저장 · 취급하는 옥내저장소
- 지정수량 20배 미만의 동식물유류를 저장 · 취급하는 옥내저장소
- 제6류 위험물을 저장 · 취급하는 옥내저장소
- 지정수량의 20배(하나의 저장창고의 바닥면적이 $150m^2$ 이하인 경우에는 50배) 이하의 위험물을 저장 또는 취급하는 옥내저장소로서 다음의 기준에 적합한 것
  - 저장창고의 벽 · 기둥 · 바닥 · 보 및 지붕이 내화구조인 것
  - 저장창고의 출입구에 수시로 열 수 있는 자동폐쇄방식의 갑종방화문이 설치되어 있을 것
  - 저장창고에 창을 설치하지 아니할 것

54 정답 ①

S(유황)는 물과 잘 반응하지 않는다.

55 정답 ④

TNT(트리니트로톨루엔)의 품명은 니트로화합물이다.

56 정답 ④

과산화수소의 저장용기는 산소를 배출시켜 용기 내 압력상승을 방지해야 하기 때문에 밀전 · 밀봉하면 안 되고, 구멍 뚫린 마개로 닫아야 한다.

57 정답 ④

황린의 녹는점은 44℃이고, 적린의 녹는점은 600℃로 비슷하지 않다.

58 정답 ②

염소산칼륨은 온수와 글리세린에 잘 녹으며 냉수와 알코올에는 잘 녹지 않는다.

염소산칼륨($KClO_3$)의 성질

- 온수와 글리세린에 잘 녹으며 냉수와 알코올에는 잘 녹지 않음
- 촉매 없이 가열하면 약 400℃에서 분해됨
- 열분해하여 산소와 염화칼륨을 생성함
- 불연성 물질이며 인체에 유독함
- 제1류 위험물 산화성 고체이며 무색의 결정 또는 분말임
- 폭약의 원료로 사용됨
- 비중은 약 2.3으로 물보다 무거움
- 강산과의 접촉은 위험하며 황산과 반응하여 이산화염소를 발생시킴
- 강한 산화제임

59 정답 ①

염소산칼륨($KClO_3$)은 제1류 위험물 중 염소산염류이고, 과염소산나트륨($NaClO_4$)은 제1류 위험물 중 과염소산염류이다.

② **과염소산($HClO_4$)** : 제6류 위험물
과산화마그네슘(MgO_2) : 제1류 위험물 중 무기과산화물
③ **아염소산나트륨($NaClO_2$)** : 제1류 위험물 중 아염소산염류
질산메틸(CH_3NO_3) : 제5류 위험물 중 질산에스테르류
④ **질산암모늄(NH_4NO_3)** : 제1류 위험물 중 질산염류
수소화칼륨(KH) : 제3류 위험물 중 금속의 수소화물

제1류 위험물 품명

아염소산염류, 염소산염류, 과염소산염류, 무기과산화물, 브롬산염류, 질산염류, 요오드산염류, 과망간산염류, 중크롬산염류, 그 밖에 행정안전부령으로 정하는 것

60 정답 ③

벤젠은 제4류 위험물 중 제1석유류에 해당된다.

제4류 위험물 품명

특수인화물, 알코올류, 제1석유류, 제2석유류, 제3석유류, 제4석유류, 동식물유류

1과목 일반화학

01	①	02	③	03	③	04	②	05	④
06	①	07	①	08	②	09	③	10	①
11	③	12	③	13	②	14	②	15	④
16	④	17	③	18	①	19	②	20	③

2과목 화재예방과 소화방법

21	②	22	①	23	②	24	③	25	③
26	①	27	④	28	②	29	②	30	④
31	③	32	①	33	③	34	①	35	②
36	③	37	③	38	①	39	④	40	④

3과목 위험물의 성질과 취급

41	②	42	②	43	④	44	③	45	④
46	②	47	④	48	②	49	③	50	①
51	④	52	④	53	④	54	①	55	①
56	④	57	③	58	③	59	②	60	②

1과목 일반화학

01 정답 ①

반응속도는 반응물의 농도에 비례한다. A를 2배 하면 전체 2배가 되고, B를 2배 하면 전체 4배가 된다고 하였으므로 반응속도식은 $v=k[A][B]^2$가 된다.

02 정답 ③

α선은 종이를 통과하지 못하고, β선은 알루미늄을, X선은 납을 통과하지 못하지만 파장이 가장 짧으면서 투과력이 강한 γ선은 이 모두를 통과한다.

03 정답 ③

Mg^+ : Mg(2/8/2) → Mg^+(2/8/1)
① F^- : F(2/7) → F^-(2/8)
② Ne : 2/8
④ O^{2-} : O(2/6) → O^{2-}(2/8)

04 정답 ②

- Mg^+ : Mg(2/8/2) → Mg^+(2/8/1)
- Na : 2/8/1

05 정답 ④

B의 전자수 = n
B^-의 전자수 = n+1 = A^{3+}의 전자수
A의 전자수 = A^{3+}의 전자수 + 3
∴ A의 전자수 = (n+1)+3 = n+4

06 정답 ①

전기음성도는 18족을 제외하고는 오른쪽 위로 올라갈수록 커진다. 즉, 아래로 내려갈수록 작아진다.

PART 2 정답 및 해설

07 정답 ①

주요 금속의 불꽃반응색은 다음과 같다.

원소	불꽃색	원소	불꽃색
리튬(Li)	빨간색	바륨(Ba)	황록색
스트론튬(Sr)	진한 빨간색	구리(Cu)	청록색
칼슘(Ca)	주황색	세슘(Cs)	파란색
나트륨(Na)	노란색	칼륨(K)	보라색

08 정답 ②

주양자수가 3이면 오비탈의 수는 $1+3+5=9$(개)를 가진다.

09 정답 ③

$pOH=-\log[OH^-]$, $pH=14-pOH$이므로
$pOH=-\log(1.5\times10^{-5})=4.8$
$pH=14-4.8=9.2$

10 정답 ①

벤조산은 약산이고, 나머지는 모두 강산이다.

11 정답 ③

일반적으로 비금속 산화물이 산성 산화물이 되고, 금속 산화물이 염기성 산화물이 된다. 다만 알루미늄, 아연, 주석 등의 산화물은 양성 산화물이라 한다.

12 정답 ③

$N_1V_1=N_2V_2$이므로
$x\times200mL=0.1N\times300mL$
$\therefore x=0.15N$

13 정답 ②

아세트산(CH_3COOH)에서 히드록시기($-OH$)를 떼어낸 것을 아세틸기라 한다.
① 에틸기
③ 아민기
④ 메틸기

여러 가지 작용기

이름	작용기	화합물	구조
$-OH$	히드록시기	알코올	$R-OH$
$-O-$	에테르기	에테르	$R-O-R'$
$-CHO$	포름기	알데히드	$R-C(=O)-H$
$-CO-$	카보닐기	케톤	$R-C(=O)-R'$
$-COOH$	카르복실기	카르복실산	$R-C(=O)-OH$
$-COO-$	에스테르기	에스테르	$R-C(=O)-O-R'$

14 정답 ②

은거울반응은 포름기($-CHO$)를 가진 알데히드 수용액이 질산은 용액에서 환원되며 은도금하는 반응을 말한다. CH_3COCH_3은 케톤인 아세톤이다.

15 정답 ④

벤젠의 결합길이는 단일결합과 이중결합의 중간이며, 모든 결합의 길이가 같은 공명구조이기 때문에 안정성을 갖는다.

16 정답 ④

무극성 기체는 헨리의 법칙을 잘 따르고 극성분자 기체는 잘 따르지 않으므로, 무극성 기체인 이산화탄소가 극성 기체인 염화수소보다 헨리의 법칙을 더 잘 따른다.

헨리의 법칙

일정한 온도에서 용해도는 용매와 평형을 이루고 있는 기체의 부분압력에 비례함

17 정답 ③

$PbSO_4$의 용해도 0.05g/L를 몰농도(mol/L)로 바꿔주면

$0.05g/L \times \frac{1mol}{(207+32+16\times 4)g} = 1.65\times 10^{-4}mol/L$

K_{sp}=[양이온의 농도]$^{양이온\ 계수}$×[음이온의 농도]$^{음이온\ 계수}$이고,

$PbSO_4 \rightarrow Pb^{2+} + SO_4^{2-}$이므로

$K_{sp} = [1.65\times 10^{-4}][1.65\times 10^{-4}]$

$= 2.72\times 10^{-8}$

18 정답 ①

$KClO_4$에서 $K(+1)+Cl(+7)+O((-2)\times 4)=0$

→ 산소의 산화수 : -2

나머지는 모두 과산화물이므로 산소의 산화수는 -1이다.

산소의 산화수

- 일반적인 화합물 : -2(예 H_2SO_4, CrO_3 등)
- 과산화물 : -1(예 H_2O_2, BaO_2, NaO_2 등)
- 홑원소 : 0(예 O_2)

19 정답 ②

이상기체 상태방정식에 의하면

$P=1.25atm$

$V=5L$

$R=0.082atm\cdot L/mol\cdot K$

$T=27+273=300K$

$w=10g$

$M=\frac{wRT}{PV}=\frac{10\times 0.082\times 300}{1.25\times 5}=39.36$, 즉 약 39이다.

20 정답 ③

메탄올(CH_3OH)의 분자량은 32이므로 $\frac{48}{32}=1.5$몰

물(H_2O)의 분자량은 18이므로 $\frac{63}{18}=3.5$몰

메탄올의 몰분율$=\frac{1.5}{1.5+3.5}=0.3$

2과목 화재예방과 소화방법

21 정답 ②

연소의 3요소는 가연물, 산소공급원, 점화원이다.

22 정답 ①

자연발화를 방지하기 위해서는 통풍을 잘 시켜야 한다.

자연발화 방지법

- 주위 습도를 낮출 것
- 주위 온도를 낮출 것
- 통풍을 잘 시킬 것
- 불활성 가스를 주입해 공기와의 접촉면적을 줄일 것
- 열이 축적되지 않게 할 것

23 정답 ②

벤젠의 연소반응식은 다음과 같다.

$2C_6H_6 + 15O_2 \rightarrow 12CO_2 + 6H_2O$

벤젠 2mol이 연소하는 데 산소 15몰이 필요하므로, 벤젠 3mol이 연소하는 데에는 산소 22.5mol이 필요하다. 표준상태에서 기체 1mol의 부피는 22.4L이므로 산소 22.5mol의 부피는 $22.4\times 22.5=504L$이다.

24 정답 ③

$KHCO_3$이 주성분인 분말소화약제는 제2종 분말로, 착색은 담회색이다.

① $KHCO_3+(NH_2)_2CO$: 회색

② $NH_4H_2PO_4$: 담홍색

④ $NaHCO_3$: 백색

25 정답 ③

제3종 분말약제는 A, B, C급 모두에 적응성이 있고 제 1 · 2 · 4종 분말약제는 B, C에만 적응성이 있다.

26 정답 ①

제1종 분말소화약제 열분해 반응식은 다음과 같다.
$2NaHCO_3 \rightarrow Na_2CO_3 + CO_2 + H_2O$
그러므로 NH_3는 이 반응에서 생성되는 물질이 아니다.

27 정답 ④

할로겐화합물 소화기는 억제소화이고, 나머지의 주된 소화효과는 질식소화이다.

소화효과

소화약제 (소화기)	주된 소화효과
물	냉각소화, 질식소화, 유화소화
포	냉각소화, 질식소화
이산화탄소	냉각소화, 질식소화
분말	냉각소화, 질식소화, 방사열 차단효과
할로겐화합물	억제소화

28 정답 ②

물은 이산화탄소보다 비열이 크다.

물의 소화효과

- **냉각효과** : 증발잠열(기화잠열)이 커 기화 시 다량의 열을 제거하여 냉각효과가 우수함
- **질식효과** : 기화팽창률이 크기 때문에 산소 농도를 희석할 수 있음
- **유화효과** : 무상주수 시, 유화층을 형성하여 가연성 가스 발생을 억제함

29 정답 ②

AlP(인화알루미늄)은 소화약제 제조에 사용되지 않는다.

30 정답 ④

이산화탄소소화설비는 가스계 소화설비이다.

소화설비의 종류

- **수계 소화설비** : 옥내소화전설비, 옥외소화전설비, 스프링클러설비, 물분무설비, 포소화설비
- **가스계 소화설비** : 이산화탄소소화설비, 할로겐화합물 및 불연성기체 소화약제 소화설비

31 정답 ③

Halon 번호는 앞에서부터 C－F－Cl－Br－I의 개수를 나타낸다. Halon 2402는 C가 2개, F이 4개, Br이 2개씩 있으므로

C	F	Cl	Br
2	4	0	2

이 되어 $C_2F_4Br_2$를 나타낸다. 그러므로 H를 포함하고 있지 않다.
① Halon 1011－CH_2ClBr
② Halon 1001－CH_3Br
④ Halon 10001－CH_3I

32 정답 ①

위험물안전관리에 관한 세부기준 제134조에 의한 이산화탄소 분사헤드의 방사 압력은 다음과 같다.

- **고압식** : 2.1MPa 이상
- **저압식** : 1.05MPa 이상

33 정답 ③

위험물안전관리에 관한 세부기준 제134조에 의하면 이산화탄소 소화약제(불활성가스 소화설비)의 저장용기는 외면에 소화약제의 종류와 양, 제조년도 및 제조자를 표시해야 한다.
① 직사일광 및 빗물이 침투할 우려가 적은 장소에 설치해야 한다.
② 온도가 40℃ 이하여야 한다.

④ 온도 변화가 적은 장소에 설치해야 한다.

불활성가스 소화설비의 저장용기

- 방호구역 외의 장소에 설치할 것
- 온도가 40℃ 이하이고 온도 변화가 적은 장소에 설치할 것
- 직사일광 및 빗물이 침투할 우려가 적은 장소에 설치할 것
- 저장용기에는 안전장치(용기밸브에 설치되어 있는 것을 포함)를 설치할 것
- 저장용기의 외면에 소화약제의 종류와 양, 제조년도 및 제조자를 표시할 것

34 정답 ①

소화설비	용량	능력단위
소화전용 물통	8L	0.3
마른 모래+삽 1개	50L	0.5
팽창질석 또는 팽창진주암+삽 1개	160L	1.0
수조+물통 3개	80L	1.5
수조+물통 6개	190L	2.5

35 정답 ②

피리딘의 지정수량은 400L
위험물의 1소요단위=지정수량×10

$\therefore \frac{16,000}{400 \times 10}$=4소요단위

빈출 위험물의 지정수량

- 디에틸에테르 : 50L
- 피리딘 : 400L
- 메탄올 : 400L
- 아세톤 : 400L
- 클로로벤젠 : 1,000L
- 경유 : 1,000L
- 동식물유류 : 10,000L
- 탄화칼슘 : 300kg

36 정답 ③

가장 많이 설치된 층의 옥내소화전 개수×7.8m^3(단, 5개 이상인 경우는 5개로 계산)
1층에 가장 많은 4개를 설치하였으므로 4×7.8=31.2m^{3}이다.

37 정답 ③

스프링클러의 살수기준면적별 방사밀도는 다음과 같다.

살수기준면적 (m^2)	방사밀도(L/m^2)	
	인화점 38℃ 미만	인화점 38℃ 이상
279 미만	16.3 이상	12.2 이상
279 이상 372 미만	15.5 이상	11.8 이상
372 이상 465 미만	13.9 이상	9.8 이상
465 이상	12.2 이상	8.1 이상

※ 살수기준면적은 내화구조의 벽 및 바닥으로 구획된 하나의 실의 바닥면적을 말하고, 하나의 실의 바닥면적이 465m^2 이상인 경우의 살수기준면적은 465m^{2}로 한다.

38 정답 ①

NaH는 물과 격렬하게 반응하여 가연성인 수소를 만들어 내므로, 주수소화가 부적당하다.

39 정답 ④

묽은 질산+칼슘, 나트륨+물, 칼륨+물 이 세 반응은 모두 수소를 발생시키고, 탄화칼슘+물은 아세틸렌을 발생시킨다.

40 정답 ④

제6류 위험물에 사용 가능한 소화설비로는 옥내소화전설비, 옥외소화전설비, 스프링클러 설비, 물분무 소화설비, 포 소화설비, 팽창질석, 인산염류 분말 소화기 등이 있고 할로겐화합물 소화설비 또는 불활성가스 소화설비 등은 적응성이 없다.

3과목 위험물의 성질과 취급

41 정답 ②

요오드값이 큰 건성유일수록 자연발화의 위험성이 커진다(건성유>반건성유>불건성유). 들기름은 건성유이며 면실유와 참기름은 반건성유, 올리브유는 불건성유이다.

42 정답 ②

알킬리튬, 알킬알루미늄은 운반용기 내용적의 90% 이하의 수납률로 수납하되 50℃의 온도에서 5% 이상의 공간용적을 유지하도록 하여야 한다.

위험물의 수납 기준

- 위험물이 온도변화 등에 의하여 누설되지 아니하도록 운반용기를 밀봉하여 수납하되, 온도변화 등에 의한 위험물로부터의 가스의 발생으로 운반용기안의 압력이 상승할 우려가 있는 경우(발생한 가스가 위험성이 있는 경우 제외)에는 가스의 배출구를 설치한 운반용기에 수납할 수 있음
- 고체위험물은 운반용기 내용적의 95% 이하의 수납률로 수납할 것
- 액체위험물은 운반용기 내용적의 98% 이하의 수납률로 수납하되, 55℃의 온도에서 누설되지 아니하도록 충분한 공간용적을 유지하도록 할 것
- 알킬알루미늄 등은 운반용기의 내용적의 90% 이하의 수납율로 수납하되, 50℃의 온도에서 5% 이상의 공간용적을 유지하도록 할 것

43 정답 ④

황화린, 적린, 철분의 지정수량은 모두 100kg이고 마그네슘의 지정수량은 500kg이다.

44 정답 ③

주어진 위험물의 지정수량은 각각 다음과 같다.

- **브롬산염류** : 300kg
- **금속분** : 500kg
- **히드록실아민** : 100kg
- **니트로화합물** : 200kg

∴ 300+500+100+200=1,100kg

45 정답 ④

제6류 위험물의 운반용기 외부에는 "가연물접촉주의"가 표시되어야 한다.

46 정답 ②

"화기주의"는 적색바탕에 백색문자로 나타낸다.
① "화기엄금", 적색바탕－백색문자
③ "물기엄금", 청색바탕－백색문자
④ "주유중엔진정지", 황색바탕－흑색문자

47 정답 ④

제4류 위험물은 물과 반응하지 않아 방수성 덮개가 필요하지 않다. ①, ②, ③은 모두 물과 반응성이 있으므로 적재, 운반 시 빗물의 침투를 방지하기 위하여 방수성 덮개로 덮어주어야 한다.

48 정답 ②

먼지는 미생물에 의한 발열(발효열)이 자연발화의 주원인이다.

자연발화의 원인

- **분해열** : 셀룰로이드, 니트로셀룰로오스 등
- **산화열** : 석탄, 고무분말, 건성유 등
- **발효열(미생물)** : 퇴비, 먼지, 혐기성 미생물 등
- **흡착열** : 목탄분말, 활성탄 등

49 정답 ③

위험물안전관리법 시행규칙 별표 7에 따르면 옥내저장탱크와 탱크전용실의 벽과의 사이 및 옥내저장탱크 상호 간에는 0.5m 이상의 간격을 유지해야 한다. 다만, 탱크의 점검 및 보수에 지장이 없는 경우에는 그러하지 아니하다.

50 정답 ①

CH_3OH(메탄올)은 인화점이 11℃로 가장 높다.
① CH_3OH(**메탄올**) : 11℃
② CS_2(**이황화탄소**) : －30℃

③ CH_3COCH_3(아세톤) : −18℃
④ $C_2H_5OC_2H_5$(디에틸에테르) : −45℃

51

정답 ④

위험물안전관리자를 선임한 제조소등의 관계인은 그 안전관리자를 해임하거나 안전관리자가 퇴직한 때에는 해임하거나 퇴직한 날부터 30일 이내에 다시 안전관리자를 선임하여야 한다.

52

정답 ④

유기과산화물은 제5류 위험물이므로 옥외저장소에 저장할 수 없다. 제6류 위험물인 질산과 제2류 위험물 중 유황, 제4류 위험물 중 제3석유류는 모두 저장 가능하다.

옥외에 저장 가능한 위험물

- 제2류 위험물 중 유황 또는 인화성고체(단, 인화점이 0℃ 이상인 것)
- 제4류 위험물 중 제1석유류(단, 인화점이 0℃ 이상인 것)
- 제4류 위험물 중 알코올류, 제2석유류, 제3석유류, 제4석유류, 동식물유류
- 제6류 위험물

53

정답 ④

제6류 위험물 제조소는 안전거리 규제를 받지 않는다.

안전거리 기준 미적용

- 지정수량 20배 미만의 제4석유류를 저장 · 취급하는 옥내저장소
- 지정수량 20배 미만의 동식물유류를 저장 · 취급하는 옥내저장소
- 제6류 위험물을 저장 · 취급하는 옥내저장소
- 지정수량의 20배(하나의 저장창고의 바닥면적이 $150m^2$ 이하인 경우에는 50배) 이하의 위험물을 저장 또는 취급하는 옥내저장소로서 다음의 기준에 적합한 것
  - 저장창고의 벽 · 기둥 · 바닥 · 보 및 지붕이 내화구조인 것
  - 저장창고의 출입구에 수시로 열 수 있는 자동폐쇄 방식의 갑종방화문이 설치되어 있을 것
  - 저장창고에 창을 설치하지 아니할 것

54

정답 ①

무기과산화물은 물과 만나 산소를 방출하기 때문에 위험성이 크다. 이때 바륨은 알칼리토금속이고 칼륨은 알칼리금속이므로 알칼리금속의 과산화물인 과산화칼륨이 과산화바륨보다 위험성이 크다.

55

정답 ①

메탄올의 연소범위는 약 7.3~36%이다.
② **휘발유** : 1.4~7.6%
③ **에틸알코올** : 4.3~19%
④ **톨루엔** : 1.4~6.7%

56

정답 ④

위험물안전관리법 시행규칙 별표 18에 의하면 이동저장탱크에 알킬알루미늄등을 저장하는 경우에는 20kPa 이하의 압력으로 불활성의 기체를 봉입하여 둘 것, 이동저장탱크에 아세트알데히드등을 저장하는 경우에는 항상 불활성의 기체를 봉입하여 둘 것이라고 되어있다. 산화프로필렌은 아세트알데히드등에 포함된다.

57

정답 ③

황린은 이황화탄소(CS_2)에 잘 녹지만, 적린은 녹지 않는다.

적린과 황린의 비교

구분	적린(P)	황린(P_4)
유별	제2류	제3류
물 용해	×	×
CS_2 용해	×	○
공기 중 안정성	안정	불안정
주수소화	가능	

58

정답 ③

과산화수소는 산화제이지만 환원제로 작용하는 경우도 있다.
① 과산화수소는 물, 알코올, 에테르에는 잘 녹지만 벤젠과

PART 2 정답 및 해설

석유에는 녹지 않는다.

② 과산화수소와 암모니아가 접촉하면 폭발의 위험이 있다. 과산화수소의 분해 방지를 위해서는 인산과 요산 등을 분해방지 안정제로 사용한다.

④ 과산화수소의 비중은 1보다 커 물보다 무겁다.

59 정답 ②

제1류 위험물은 산화성 고체이며 강산화제로 다른 물질을 산화시킨다.

① 제1류 위험물은 불연성 물질이다. 대신, 분해되어 산소를 발생시키고 다른 물질의 연소를 돕는 조연성 물질이다.

③ 대부분 산소를 포함하는 무기화합물이다.

④ 물보다 비중이 큰 물질이 많다.

60 정답 ②

제6류 위험물제조소에는 별도의 주의사항 게시판은 설치하지 않아도 되고, 운반용기 외부에 "가연물접촉주의"를 표시하면 된다.

INDUSTRIAL
ENGINEER
HAZARDOUS
MATERIAL

PART 3

과목별 빈출문제

1과목 일반화학
2과목 화재예방과 소화방법
3과목 위험물의 성질과 취급

1과목 일반화학

01 **3가지 기체 물질 A, B, C가 일정한 온도에서 다음과 같은 반응을 하고 있다. 평형에서 A, B, C가 각각 1몰, 2몰, 4몰이라면 평형상수 K의 값은 얼마인가?**

$$A+3B \rightarrow 2C+\text{열}$$

① 0.5 ② 2
③ 3 ④ 4

정답 ②

평형상수 $K=\dfrac{[C]^c[D]^d}{[A]^a[B]^b}$

$\therefore K=\dfrac{4^2}{1^1\times 2^3}=2$

02 **$CH_3COOH \rightarrow CH_3COO^-+H^+$의 반응식에서 전리평형상수 K는 다음과 같다. K 값을 변화시키기 위한 조건으로 옳은 것은?**

$$K=\frac{[CH_3COO^-][H^+]}{[CH_3COOH]}$$

① 온도를 변화시킨다.
② 압력을 변화시킨다.
③ 농도를 변화시킨다.
④ 촉매 양을 변화시킨다.

정답 ①

평형상수는 온도에 의해서만 변한다.

03 **다음 중 전리도가 가장 커지는 경우는?**

① 농도와 온도가 일정할 때
② 농도가 진하고 온도가 높을수록
③ 농도가 묽고 온도가 높을수록
④ 농도가 진하고 온도가 낮을수록

정답 ③

전리도는 이온으로 해리되는 정도를 의미하는데, 농도가 묽고 온도가 높을수록 커진다.

04 **질소와 수소로 암모니아를 합성하는 반응의 화학반응식은 다음과 같다. 암모니아의 생성률을 높이기 위한 조건은?**

$$N_2+3H_2 \rightarrow 2NH_3+22.1kcal$$

① 온도와 압력을 낮춘다.
② 온도는 낮추고, 압력은 높인다.
③ 온도를 높이고, 압력은 낮춘다.
④ 온도와 압력을 높인다.

정답 ②

암모니아 합성은 발열반응에 해당하고 반응물은 4몰, 생성물은 2몰이므로 르샤틀리에의 원리에 의해 생성물인 암모니아의 생성률을 높이려면 온도는 낮추고, 압력은 높여야 한다.

05 **다음 반응식을 이용하여 구한 $SO_2(g)$의 몰 생성열은?**

$S(s)+1.5O_2(g) \rightarrow SO_3(g)$ $\Delta H_0=-94.5kcal$
$2SO_2(s)+O_2(g) \rightarrow 2SO_3(g)$ $\Delta H_0=-47kcal$

① -71kcal ② -47.5kcal
③ 71kcal ④ 47.5kcal

정답 ①

$SO_2(g)$의 몰 생성열을 구하려면 $SO_2(g)$가 1몰 생성될 때의 생성열을 구하면 된다.
$S(s)+1.5O_2(g) \rightarrow SO_3(g)$
$\Delta H_0=-94.5kcal$ … ㉠
$2SO_2(s)+O_2(g) \rightarrow 2SO_3(g)$
$\Delta H_0=-47kcal$ …㉡
㉠을 2배 해준 후 ㉠−㉡을 하면
$2S+3O_2 \rightarrow 2SO_3$
$-(2SO_2+O_2 \rightarrow 2SO_3)$
$=2S+2O_2 \rightarrow 2SO_2$
$(\Delta H_0=-189-(-47)$
$=-142kcal)$
$\therefore S+O_2 \rightarrow SO_2$
$\Delta H_0=-71kcal$

06 **방사능 붕괴의 형태 중 $^{226}_{88}Ra$이 α 붕괴할 때 생기는 원소는?**

① $^{222}_{86}Rn$ ② $^{232}_{90}Th$
③ $^{231}_{91}Pa$ ④ $^{238}_{92}U$

정답 ①

α 붕괴 시 질량수는 -4, 원자번호는 -2가 된다. 그러므로 $^{226}_{88}Ra \rightarrow ^{226-4}_{88-2} \rightarrow ^{222}_{86}Rn$이 생성된다.

07 **Rn은 α선 및 β선을 2번씩 방출하고 다음과 같이 변했다. 마지막 Po의 원자번호는 얼마인가? (단, Rn의 원자번호는 86, 원자량은 222이다.)**

$$Rn \xrightarrow{\alpha} Po \xrightarrow{\alpha} Pb \xrightarrow{\beta} Bi \xrightarrow{\beta} Po$$

① 78 ② 81
③ 84 ④ 87

정답 ③

α붕괴 시 원자번호는 -2가 되고, β붕괴 시 원자번호는$+1$이 된다. 그러므로
$86-2-2+1+1=84$

08 **방사선 원소에서 방출되는 방사선 중 전기장의 영향을 받지 않아 휘어지지 않는 선은?**

① α선 ② β선
③ γ선 ④ α, β, γ선

정답 ③

전기장의 영향을 받지 않아 휘어지지 않는 선은 γ선이다.

09 **다음 물질 중 감광성이 가장 큰 것은?**

① HgO ② CuO
③ $NaNO_3$ ④ AgCl

정답 ④

감광성은 어떤 물질이 광선이나 방사선 등에 의해 변화하는 성질을 말하는 것으로, 감광성이 커서 사진유제의 주성분으로 많이 쓰이는 물질로는 염화은(AgCl)과 브로민화은(AgBr) 등이 있다.

10 **주기율표에서 제2주기에 있는 원소 성질 중 왼쪽에서 오른쪽으로 갈수록 감소하는 것은?**

① 원자핵의 하전량 ② 원자의 전자의 수
③ 원자 반지름 ④ 전자껍질의 수

정답 ③

같은 주기에서 왼쪽에서 오른쪽으로 갈수록 원자핵의 양성자 수가 증가하면서 전자를 당기는 힘이 커지게 된다. 그러므로 원자 반지름은 감소하게 된다.

11 불꽃 반응 시 보라색을 나타내는 금속은?

① Li ② K
③ Na ④ Ba

정답 ②

K(칼륨)의 불꽃반응색은 보라색이다.
① Li(리튬) : 빨간색
③ Na(나트륨) : 노란색
④ Ba(바륨) : 황록색

12 같은 주기에서 원자번호가 증가할수록 감소하는 것은?

① 이온화에너지 ② 원자반지름
③ 비금속성 ④ 전기음성도

정답 ②

원자번호가 증가할수록 양성자의 개수가 많아져, 가운데에서 끌어당기는 힘이 강해지며 원자반지름은 감소하게 된다.

13 다음과 같은 경향성을 나타내지 않는 것은?

Li<Na<K

① 원자번호 ② 원자반지름
③ 제1차 이온화에너지 ④ 전자수

정답 ③

Li, Na, K는 같은 1족 원소이고 각각 2주기, 3주기, 4주기 원소이다. 같은 족에서 아래로 내려갈수록 원자번호, 원자반지름, 전자수 등은 커지고, 이온화 에너지는 작아진다.

14 중성원자가 무엇을 잃으면 양이온으로 되는가?

① 중성자 ② 핵전하
③ 양성자 ④ 전자

정답 ④

중성원자는 양성자의 수와 전자의 수가 같은 원자를 말한다.

15 **어떤 원자핵에서 양성자의 수가 3이고, 중성자의 수가 2일 때 질량수는 얼마인가?**

① 1 ② 3
③ 5 ④ 7

정답 ③

'질량수=양성자의 수+중성자의 수'이므로 3+2=5이다.

16 **전자배치가 $1s^2 2s^2 2p^6 3s^2 3p^5$인 원자의 M 껍질에는 몇 개의 전자가 들어 있는가?**

① 2 ② 4
③ 7 ④ 17

정답 ③

전자껍질은 핵에 가까운 안쪽부터 K, L, M, N, …으로 나타내는데, K에는 최대 2개, L에는 최대 8개, M에는 최대 18개의 전자가 들어갈 수 있으므로

K : $1s^2$ → 2개
L : $2s^2 2p^6$ → 8개
M : $3s^2 3p^5$ → 7개
M 껍질에는 7개의 전자가 들어 있다.

17 **다음 중 Na^+와 전자배치가 다른 것은?**

① K^+ ② F^-
③ Mg^{2+} ④ Ne

정답 ①

- Na^+ : Na(2/8/1) → Na^+(2/8)
- K^+ : K(2/8/8/1) → K^+(2/8/8)

② F^- : F(2/7) → F^-(2/8)
③ Mg^{2+} : Mg(2/8/2) → Mg^{2+}(2/8)
④ Ne : Ne(2/8)

18 **ns^2np^5의 전자구조를 가지지 않는 것은?**

① F(원자번호 9) ② Cl(원자번호 17)
③ Se(원자번호 34) ④ I(원자번호 53)

정답 ③

ns^2np^5의 의미는 최외각전자가 7개(17족 원소)라는 뜻이다. Se는 16족 원소이다.

19 **산(acid)의 성질을 설명한 것 중 틀린 것은?**

① 수용액 속에서 H^+를 내는 화합물이다.
② pH 값이 작을수록 강산이다.
③ 금속과 반응하여 수소를 발생하는 것이 많다.
④ 붉은색 리트머스 종이를 푸르게 변화시킨다.

정답 ④

산은 푸른색 리트머스 종이를 붉게 만든다.

20 **지시약으로 사용되는 페놀프탈레인 용액은 산성에서 어떤 색을 띠는가?**

① 적색 ② 청색
③ 무색 ④ 황색

정답 ③

페놀프탈레인 용액은 산성과 중성에서 무색, 염기성에서 붉은색을 띤다.

21 **$[OH^-]=1\times10^{-5}$mol/L인 용액의 pH와 액성으로 옳은 것은?**

① pH=5, 산성 ② pH=5, 알칼리성
③ pH=9, 산성 ④ pH=9, 알칼리성

정답 ④

$pOH=-\log[OH^-]$,
$pH=14-pOH$이므로
$pOH=-\log(1\times10^{-5})=5$
$pH=14-5=9$
pH>7이므로 알칼리성에 해당한다.

22 **pH가 2인 용액은 pH가 4인 용액과 비교하면 수소이온농도가 몇 배인 용액이 되는가?**

① 100배 ② 2배
③ 10^{-1}배 ④ 10^{-2}배

정답 ①

$pH=2 \rightarrow -\log[H^+]=2$,
$\therefore [H^+]=10^{-2}$
$pH=4 \rightarrow -\log[H^+]=4$,
$\therefore [H^+]=10^{-4}$
그러므로 $10^{-2}\div10^{-4}=10^2$
=100배

PART 3 과목별 빈출문제

23 다음 중 수용액의 pH가 가장 작은 것은?

① 0.01N HCl ② 0.1N HCl
③ 0.01N CH_3COOH ④ 0.1N NaOH

정답 ②

HCl은 강산, CH_3COOH는 약산, NaOH는 강염기이다. pH가 가장 작으려면 강산인 HCl 중에서도 노르말 농도가 높아야 한다.

24 $[H^+]=2\times10^{-6}$M인 용액의 pH는 약 얼마인가?

① 5.7 ② 4.7
③ 3.7 ④ 2.7

정답 ①

$$pH=-\log[H^+]$$
$$=-\log(2\times10^{-6})$$
$$=6-\log2$$
$$\fallingdotseq 5.7$$

25 어떤 용액의 pH를 측정하였더니 4이었다. 이 용액을 1000배 희석시킨 용액의 pH를 옳게 나타낸 것은?

① pH=3 ② pH=4
③ pH=5 ④ 6<pH<7

정답 ④

$pH=4 \rightarrow -\log[H^+]=4$,
$\therefore [H^+]=10^{-4}$
이를 1000배 희석시키면
$\frac{10^{-4}}{1000}=10^{-7}$
이 용액은 산성용액이었으므로 pH 7을 넘어서지는 않고, $6<pH<7$가 된다.

26 0.01N CH_3COOH의 전리도가 0.01이면 pH는 얼마인가?

① 2 ② 4
③ 6 ④ 8

정답 ②

$$pH=-\log(N\text{농도}\times\text{전리도})$$
$$=-\log(0.01\times0.01)$$
$$=-\log10^{-4}=4$$

27 다음 중 수용액에서 산성의 세기가 가장 큰 것은?

① HF ② HCl
③ HBr ④ HI

정답 ④

할로겐 원소의 전기음성도는 F > Cl > Br > I이므로 결합력이 가장 약한 것은 I이다. 즉 HI의 결합력이 가장 약하여 H^+이온을 많이 발생하므로 산성의 세기가 가장 크다.

28 다음 중 산성 산화물에 해당하는 것은?

① CaO ② Na_2O
③ CO_2 ④ MgO

정답 ③

일반적으로 비금속 산화물이 산성 산화물이 되고, 금속 산화물이 염기성 산화물이 된다.

29 다음 물질 중에서 염기성인 것은?

① $C_6H_5NH_2$ ② $C_6H_5NO_2$
③ C_6H_5OH ④ C_6H_5COOH

정답 ①

$C_6H_5NH_2$(아닐린)은 약염기이다.
② $C_6H_5NO_2$(니트로벤젠) : 약산
③ C_6H_5OH(페놀) : 산성
④ C_6H_5COOH(벤조산) : 산성

30 물이 브뢴스테드산으로 작용한 것은?

① $HCl + H_2O \rightleftarrows H_3O^+ + Cl^-$
② $HCOOH + H_2O \rightleftarrows HCOO^- + H_3O^+$
③ $NH_3 + H_2O \rightleftarrows NH_4^+ + OH^-$
④ $3Fe + 4H_2O \rightleftarrows Fe_3O_4 + 4H_2$

정답 ③

물이 브뢴스테드산으로 작용하려면 양성자(H^+)를 내놓고 OH^-가 되어야 한다.

31 기하이성질체 때문에 극성 분자와 비극성 분자를 가질 수 있는 것은?

① C_2H_4 ② C_2H_3Cl
③ $C_2H_2Cl_2$ ④ C_2HCl_3

정답 ③

$C_2H_2Cl_2$는 다음과 같은 기하 이성질체를 갖는다.

극성	비극성
H, H / C=C / Cl, Cl H, Cl / C=C / H, Cl	H, Cl / C=C / Cl, H

32 헥산(C_6H_{14})의 구조 이성질체는 몇 개인가?

① 4개 ② 5개
③ 6개 ④ 7개

정답 ②

C−C−C−C−C−C	
C−C(−C)−C−C−C	C−C−C(−C)−C−C
C−C(−C)−C(−C)−C	C−C(−C)(−C)−C−C

33 펜탄(C_5H_{12})의 구조 이성질체 수는 몇 개인가?

① 2개 ② 3개
③ 4개 ④ 5개

정답 ②

C−C−C−C−C	
C−C(−C)−C−C	C−C(−C)(−C)−C

34 다음 중 기하 이성질체가 존재하는 것은?

① C_5H_{12} ② $CH_3CH=CHCH_3$
③ C_3H_7Cl ④ $CH\equiv CH$

정답 ②

기하 이성질체는 이중결합을 중심으로 원자 또는 원자단의 위치가 서로 다를 때 존재한다. $CH\equiv CH$의 경우, 직선으로 구조가 이루어져 기하 이성질체가 존재하지 않는다.

35 다음 중 비극성 분자는 어느 것인가?

① HF　② H_2O
③ NH_3　④ CH_4

정답 ④

CH_4는 가운데에 있는 C에 비공유전자쌍이 없고, 정사면체 구조로 대칭을 이뤄 비극성 분자이다.

36 비극성 분자에 해당하는 것은?

① CO　② CO_2
③ NH_3　④ H_2O

정답 ②

가운데에 있는 C에 비공유전자쌍이 없어 양쪽 대칭인 선형 구조로 결합하므로 비극성 분자이다.

37 다음 화합물 중에서 가장 작은 결합각을 가지는 것은?

① BF_3　② NH_3
③ H_2　④ $BeCl_2$

정답 ②

NH_3는 107°의 결합각을 가진다.
① 120°
③ 이원자분자는 결합각을 정의할 수 없다.
④ 180°

38 분자식이 같으면서도 구조가 다른 유기화합물을 무엇이라고 하는가?

① 이성질체　② 동소체
③ 동위원소　④ 방향족화합물

정답 ①

분자식은 같고 결합 구조가 다른 것을 이성질체라 한다.
② 한 종류의 같은 원소로 되어 있으나 배열상태나 결합 방법이 다른 것
③ 원자번호는 같고 질량수는 다른 것
④ 벤젠고리를 가지고 있는 유기화합물

39 다음 중 동소체 관계가 아닌 것은?

① 적린과 황린 ② 산소와 오존
③ 수소와 중수소 ④ 다이아몬드와 흑연

정답 ③

수소(^1_1H)와 중수소(^2_1H)는 서로 동위원소이다.
① P, P_4
② O_2, O_3
④ C, C

40 다음 중 방향족 화합물이 아닌 것은?

① 에틸렌 ② 톨루엔
③ 아닐린 ④ 안트라센

정답 ①

에틸렌은 $CH_2=CH_2$로 벤젠 고리를 가지지 않는다.

41 메탄에 염소를 작용시켜 클로로포름을 만드는 반응을 무엇이라 하는가?

① 중화반응 ② 부가반응
③ 치환반응 ④ 환원반응

정답 ③

화합물 속의 원자, 이온, 기 등이 다른 원자, 이온, 기 등과 바뀌는 반응을 치환반응이라 한다. 메탄에 들어있는 3개의 수소를 염소로 치환한 것을 클로로포름이라 한다.

42 포화 탄화수소에 해당하는 것은?

① 톨루엔 ② 에틸렌
③ 프로판 ④ 아세틸렌

정답 ③

포화 탄화수소란 단일결합으로 이루어진 탄화수소를 말한다.

43 **벤젠을 약 300℃, 높은 압력에서 Ni 촉매로 수소와 반응시켰을 때 얻어지는 물질은?**

① Cyclopentane ② Cyclopropane
③ Cyclohexane ④ Cyclooctane

정답 ③

벤젠을 Ni 촉매로 수소와 반응시키면 C_6H_{12}인 시클로헥세인이 생성된다.

44 **폴리염화비닐의 단위체와 합성법이 옳게 나열된 것은?**

① $CH_2=CHCl$, 첨가중합
② $CH_2=CHCl$, 축합중합
③ $CH_2=CHCN$, 첨가중합
④ $CH_2=CHCN$, 축합중합

정답 ①

폴리염화비닐은 염화비닐($CH_2=CHCl$)의 첨가 반응이 반복되어 이루어진 거대한 분자이다.

45 **NH_4Cl에서 배위결합을 하고 있는 부분을 옳게 설명한 것은?**

① NH_3의 N－H 결합
② NH_3와 H^+과의 결합
③ NH_4^+과 Cl^-
④ H^+과 Cl^-과의 결합

정답 ②

NH_3가 가지고 있던 비공유 전자쌍을 H^+에게 주어 배위결합을 이루고 있다.

$$H-\overset{H}{\underset{H}{N}}: + H^+ \rightarrow \left[H-\overset{H}{\underset{H}{N}}-H\right]^+$$

46 **H_2O의 끓는점이 H_2S의 끓는점보다 높은 이유는?**

① 분자량이 작기 때문에
② pH가 높기 때문에
③ 공유결합 때문에
④ 수소결합 때문에

정답 ④

H_2O는 분자끼리 수소결합을 하고 있어, 분자 간 인력이 상승해 끓는점, 녹는점, 점성도, 표면장력 등이 다른 화합물에 비해 높다.

47 **결합력이 큰 것부터 작은 순서로 나열한 것은?**

① 공유결합>수소결합>반데르발스결합
② 수소결합>공유결합>반데르발스결합
③ 반데르발스결합>수소결합>공유결합
④ 수소결합>반데르발스결합>공유결합

정답 ①

공유결합은 분자 내의 결합이므로 가장 강하고, 수소결합과 반데르발스결합은 분자 간의 결합이다. 수소결합이 반데르발스결합보다 결합력이 크다.

48 **A는 B 이온과 반응하나 C 이온과는 반응하지 않고, D는 C 이온과 반응한다고 할 때 A, B, C, D의 환원력 세기를 큰 것부터 차례대로 나타낸 것은? (단, A, B, C, D는 모두 금속이다.)**

① A>B>D>C ② D>C>A>B
③ C>D>B>A ④ B>A>C>D

정답 ②

금속이 이온과 반응하였다는 것은 전자를 잃고 산화되었다는 뜻이므로 환원력이 크다는 의미이다.

- A는 B 이온과 반응 : A>B
- A는 C 이온과는 반응하지 않음 : C>A
- D는 C 이온과 반응 : D>C

그러므로 환원력의 세기는 D>C>A>B이다.

49 **이온결합 물질의 일반적인 성질에 관한 설명 중 틀린 것은?**

① 녹는점이 비교적 높다.
② 단단하며 부스러지기 쉽다.
③ 고체와 액체 상태에서 모두 도체이다.
④ 물과 같은 극성용매에 용해되기 쉽다.

정답 ③

이온결합 물질은 액체 상태에서는 도체이지만, 고체 상태에서는 부도체이다.

50 **원자에서 복사되는 빛은 선 스펙트럼을 만드는데 이것으로부터 알 수 있는 사실은?**

① 빛에 의한 광전자의 방출
② 빛이 파동의 성질을 가지고 있다는 사실
③ 전자껍질의 에너지의 불연속성
④ 원자핵 내부의 구조

정답 ③

원자에서 복사된 빛이 만든 선 스펙트럼을 통해 전자껍질의 에너지 불연속성을 알 수 있다.

51 **탄산음료수의 병마개를 열면 거품이 솟아오르는 이유를 가장 올바르게 설명한 것은?**

① 수증기가 생성되기 때문이다.
② 이산화탄소가 분해되기 때문이다.
③ 용기 내부압력이 줄어들어 기체의 용해도가 감소하기 때문이다.
④ 온도가 내려가게 되어 기체가 생성물의 반응이 진행되기 때문이다.

정답 ③

병마개를 열면 용기의 내부 압력이 줄어들어 헨리의 법칙에 의해 용해도가 감소하여 이산화탄소가 발생한다. 이때 발생한 이산화탄소는 우리 눈에 거품이 솟아오르는 것처럼 보인다.

52 **다음은 열역학 제 몇 법칙에 대한 내용인가?**

0K(절대온도)에서 물질의 엔트로피는 0이다.

① 열역학 제0법칙　② 열역학 제1법칙
③ 열역학 제2법칙　④ 열역학 제3법칙

정답 ④

열역학 제3법칙에 대한 내용이다.

열역학 법칙
- **열역학 제0법칙** : 서로 다른 계인 A와 B가 각각 C와 열평형상태에 있다면, A와 B도 서로 열평형상태를 이룬다.
- **열역학 제1법칙** : 에너지가 변환되거나 이동하더라도 전체 에너지는 총합은 항상 일정하다.
- **열역학 제2법칙** : 변화는 엔트로피가 증가하는 방향으로 일어난다.
- **열역학 제2법칙** : 절대영도에서 물질의 엔트로피는 0이다.

53 **배수비례의 법칙이 적용 가능한 화합물을 옳게 나열한 것은?**

① CO, CO_2　② HNO_3, HNO_2
③ H_2SO_4, H_2SO_3　④ O_2, O

정답 ①

배수비례의 법칙은 두 종류의 원소가 결합하여 두 가지 이상의 화합물을 만들 때 한 원소의 일정량에 대한 다른 원소의 질량들은 항상 간단한 정수비를 가진다는 법칙이다. 이에 해당되는 화합물은 CO와 CO_2이다.

54 1패러데이(Faraday)의 전기량으로 물을 전기분해 하였을 때 생성되는 기체 중 산소 기체는 0℃, 1기압에서 몇 L인가?

① 5.6
② 11.2
③ 22.4
④ 44.8

정답 ①

$2H_2O \rightarrow 2H_2 + O_2$
1F＝96,500C＝전자 1몰의 전하량
물 2몰이 분해되려면 4F가 필요하며 4F의 전기가 가해지면 산소는 1몰(22.4L), 수소는 2몰(44.8L)이 발생한다.
1F의 전기량을 가했다고 하였으므로 산소 기체는 $22.4 \times \frac{1}{4}$ ＝5.6L이 생성된다.

55 1패러데이(Faraday)의 전기량으로 물을 전기분해 하였을 때 생성되는 기체 중 수소 기체는 0℃, 1기압에서 몇 L인가?

① 5.6
② 11.2
③ 22.4
④ 44.8

정답 ②

물 2몰이 분해되려면 4F가 필요하며 4F의 전기가 가해지면 산소는 1몰(22.4L), 수소는 2몰(44.8L)이 발생한다.
1F의 전기량을 가했다고 하였으므로 수소 기체는 $44.8 \times \frac{1}{4}$ ＝11.2L이 생성된다.

56 다음 중 $KMnO_4$의 Mn의 산화수는?

① ＋1
② ＋3
③ ＋5
④ ＋7

정답 ④

$(+1)+(Mn)+(-2 \times 4)=0$
→ Mn의 산화수＋7

57 다음의 반응에서 환원제로 쓰인 것은?

$$MnO_2 + 4HCl \rightarrow MnCl_2 + H_2O + Cl_2$$

① Cl_2
② $MnCl_2$
③ HCl
④ MnO_2

정답 ③

환원제란 자신은 산화되며 다른 물질을 환원시키는 것을 의미한다. MnO_2는 산소를 잃으며 환원되었고, HCl은 수소를 잃으며 산화되었으므로 HCl이 환원제로 쓰였다.

58 n그램(g)의 금속을 묽은 염산에 완전히 녹였더니 m몰의 수소가 발생하였다. 이 금속의 원자가를 2가로 하면 이 금속의 원자량은?

① $\frac{n}{m}$ ② $\frac{2n}{m}$

③ $\frac{n}{2m}$ ④ $\frac{2m}{n}$

정답 ①

$mM+2mHCl$
$\rightarrow mH_2+mMCl_2$

반응한 M의 몰수$=\frac{질량}{분자량}$이므로 분자량(원자량)$=\frac{질량}{몰수}$

∴ 원자량$=\frac{n}{m}$

59 원자량이 56인 금속 M 1.12g을 산화시켜 실험식이 M_xO_y인 산화물 1.60g을 얻었다. x, y는 각각 얼마인가?

① $x=1$, $y=2$ ② $x=2$, $y=3$

③ $x=3$, $y=2$ ④ $x=2$, $y=1$

정답 ②

$xM+yO \rightarrow M_xO_y$
$1.12g+(\quad) \rightarrow 1.60g$
∴ 반응한 산소의 질량
$=1.60-1.12=0.48g$

- 반응한 M의 몰수$=\frac{1.12}{56}$ $=0.02mol$
- 반응한 O의 몰수$=\frac{0.48}{16}$ $=0.03mol$

$0.02:0.03=2:3$,
∴ $x=2$, $y=3$

60 물 450g에 NaOH 80g이 녹아 있는 용액에서 NaOH의 몰분율은? (단, Na의 원자량은 23이다.)

① 0.074 ② 0.178

③ 0.200 ④ 0.450

정답 ①

H_2O의 분자량은 18이므로
$\frac{450}{18}=25$몰
NaOH의 분자량은 40이므로
$\frac{80}{40}=2$몰
NaOH의 몰분율
$=\frac{2}{25+2}=0.074$

PART 3 과목별 빈출문제

2과목 화재예방과 소화방법

01 **주된 연소형태가 분해연소인 것은?**

① 금속분 ② 유황
③ 목재 ④ 피크르산

정답 ③

목재는 분해연소를 한다.
① 표면연소
② 증발연소
④ 자기연소

02 **연소형태가 나머지 셋과 다른 하나는?**

① 목탄 ② 메탄올
③ 파라핀 ④ 유황

정답 ①

목탄은 표면연소를 하고 메탄올, 파라핀, 유황은 증발연소를 한다.

03 **점화원 역할을 할 수 없는 것은?**

① 기화열 ② 산화열
③ 정전기불꽃 ④ 마찰열

정답 ①

기화열이란 기화될 때 필요한 열량으로 주변의 열을 흡수하여 온도가 낮아져 점화원 역할을 할 수 없다.

04 **표준상태에서 프로판 $2m^3$이 완전 연소할 때 필요한 이론 공기량은 약 몇 m^3인가? (단, 공기 중 산소농도는 21vol%이다.)**

① 23.81 ② 35.72
③ 47.62 ④ 71.43

정답 ③

프로판(C_3H_8)의 연소반응식은 다음과 같다.
$C_3H_8+5O_2 \rightarrow 3CO_2+4H_2O$
프로판과 산소는 1:5로 반응하므로 프로판 $2m^3$이 반응하면 산소는 $10m^3$이 반응한다. 공기 중 산소량이 21vol%이므로 $\frac{10}{0.21}=47.62m^3$이다.

05 **탄소 1mol이 완전 연소하는 데 필요한 최소 이론공기량은 약 몇 L인가? (단, 0℃, 1기압 기준이며, 공기 중 산소의 농도는 21vol%이다.)**

① 10.7　② 22.4
③ 107　④ 224

정답 ③

탄소(C)의 연소반응식은 다음과 같다.
$C+O_2 \rightarrow CO_2$
탄소 1mol이 연소하는 데 산소 1mol이 필요하고, 기체 1mol의 부피는 22.4L이다.
공기 중 산소량이 21vol%이므로 $\frac{22.4}{0.21}=107L$

06 **표준상태(0℃, 1atm)에서 2kg의 이산화탄소가 모두 기체 상태의 소화약제로 방사될 경우 부피는 몇 m^3인가?**

① 1.018　② 10.18
③ 101.8　④ 1018

정답 ①

이상기체 상태방정식에 의하면
P=1atm
$R=0.082atm \cdot m^3/kmol \cdot K$
T=273K
w=2kg
M=44kg/kmol
$V=\frac{2\times 0.082\times 273}{44}$
$=1.0175 \fallingdotseq 1.018m^3$

07 **분말소화약제인 탄산수소나트륨 10kg이 1기압, 270℃에서 방사되었을 때 발생하는 이산화탄소의 양은 약 몇 m^3인가?**

① 2.65　② 3.65
③ 18.22　④ 36.44

정답 ①

$2NaHCO_3$
$\rightarrow Na_2CO_3+CO_2+H_2O$
P=1atm
$R=0.082atm \cdot m^3/kmol \cdot K$
T=270+273=543K
w=10kg
M=84kg/kmol
$V=\frac{10\times 0.082\times 543}{84} \fallingdotseq 5.3$
$NaHCO_3$ 2몰 분해 시
CO_2는 1몰 발생하므로
$5.3\times\frac{1}{2}=2.65m^3$

08 **이산화탄소 소화기 사용 중 소화기 방출구에서 생길 수 있는 물질은?**

① 포스겐　② 일산화탄소
③ 드라이아이스　④ 수소가스

정답 ③

드라이아이스는 이산화탄소(CO_2)를 압축 · 냉각하여 고체로 변화시킨 물질이다. 그러므로 이산화탄소 소화기 방출구에서 발생할 수 있다.

PART 3
과목별 빈출문제

09 **제1종 분말소화 약제의 소화효과에 대한 설명으로 가장 거리가 먼 것은?**

① 열분해 시 발생하는 이산화탄소와 수증기에 의한 질식효과
② 열분해 시 흡열반응에 의한 냉각효과
③ H^+이온에 의한 부촉매 효과
④ 분말 운무에 의한 열방사의 차단효과

정답 ③

제1종 분말소화약제는 $2NaHCO_3 \rightarrow Na_2CO_3 + CO_2 + H_2O$의 반응식을 가지는데, H^+ 이온이 아닌 나트륨염($NaCO_3$)에 의한 부촉매효과가 있다.

10 **제1종 분말소화약제가 1차 열분해 되어 표준상태를 기준으로 $2m^3$의 탄산가스가 생성되었다. 몇 kg의 탄산수소나트륨이 사용되었는가? (단, 나트륨의 원자량은 23이다.)**

① 15　　② 18.75
③ 56.25　　④ 75

정답 ①

제1종 분말소화약제의 반응식은 다음과 같다.

$2NaHCO_3$
$\rightarrow Na_2CO_3 + CO_2 + H_2O$

탄산수소나트륨과 탄산가스의 몰수비가 2 : 1이므로 부피비 역시 2 : 1이 되어, 탄산수소나트륨은 $4m^3$이 사용되었음을 알 수 있다. 이상기체상태 방정식을 이용하면

$$w = \frac{PVM}{RT} = \frac{1 \times 4 \times 84}{0.082 \times 273} = 15$$

11 **마그네슘 분말이 이산화탄소 소화약제와 반응하여 생성될 수 있는 유독기체의 분자량은?**

① 26　　② 28
③ 32　　④ 44

정답 ②

$Mg + CO_2 \rightarrow MgO + CO$이므로 발생되는 유독가스는 CO이다. CO의 분자량은 12+16=28이다.

12 **다음 중 화재 시 다량의 물에 의한 냉각소화가 가장 효과적인 것은?**

① 금속의 수소화물 ② 알칼리금속과산화물
③ 유기과산화물 ④ 금속분

정답 ③

다량의 물에 의한 냉각소화는 제5류 위험물에 적절하다. 금속의 수소화물, 알칼리금속과산화물, 금속분 등은 물과 반응하므로 주수금지한다.

13 **연소 시 온도에 따른 불꽃의 색상이 잘못된 것은?**

① 적색－약 850℃ ② 황적색－약 1,100℃
③ 휘적색－약 1,200℃ ④ 백적색－약 1,300℃

정답 ③

휘적색은 약 950℃에서의 불꽃 색상이다.

14 **제1인산암모늄 분말 소화약제의 색상과 적응화재를 옳게 나타낸 것은?**

① 백색, BC급 ② 담홍색, BC급
③ 백색, ABC급 ④ 담홍색, ABC급

정답 ④

제1인산암모늄($NH_4H_2PO_4$)을 주성분으로 한 제3종 분말 소화약제의 착색은 담홍색이고 적응화재는 ABC급이다.

15 **일반적으로 다량의 주수를 통한 소화가 가장 효과적인 화재는?**

① A급 화재 ② B급 화재
③ C급 화재 ④ D급 화재

정답 ①

A급 화재는 일반화재로 다량의 주수를 통한 냉각소화가 가장 효과적이다.

16 **소화기와 주된 소화효과가 옳게 짝지어진 것은?**

① 포 소화기－제거소화
② 할로겐화합물 소화기－냉각소화
③ 탄산가스 소화기－억제소화
④ 분말 소화기－질식소화

정답 ④

분말 소화기의 주된 소화효과는 질식소화이다.
① 포 소화기－질식소화
② 할로겐화합물 소화기－억제소화
③ 탄산가스 소화기－질식소화

17 **소화약제의 종류에 해당하지 않는 것은?**

① CF_2ClBr ② $NaHCO_3$
③ NH_4BrO_3 ④ CF_3Br

정답 ③

NH_4BrO_3는 소화약제에 해당하지 않는다.
① 할로겐화합물 소화약제 Halon 1211
② 제1종 분말소화약제
④ 할로겐화합물 소화약제 Halon 1301

18 **분말소화기에 사용되는 소화약제의 주성분이 아닌 것은?**

① $NH_4H_2PO_4$ ② Na_2SO_4
③ $NaHCO_3$ ④ $KHCO_3$

정답 ②

- 제1종 분말 : $NaHCO_3$
- 제2종 분말 : $KHCO_3$
- 제3종 분말 : $NH_4H_2PO_4$
- 제4종 분말 : $KHCO_3+(NH_2)_2CO$

19 **분말소화약제 중 열분해 시 부착성이 있는 유리상의 메타인산이 생성되는 것은?**

① Na_3PO_4 ② $(NH_4)_3PO_4$
③ $NaHCO_3$ ④ $NH_4H_2PO_4$

정답 ④

제3종 분말소화약제로 쓰이는 $NH_4H_2PO_4$는 $NH_4H_2PO_4 \rightarrow HPO_3+NH_3+H_2O$의 과정을 거쳐 부착성인 막을 만들어 공기를 차단하는 메타인산(HPO_3)을 생성한다.

20 수성막포소화약제에 대한 설명으로 옳은 것은?

① 물보다 비중이 작은 유류의 화재에는 사용할 수 없다.
② 계면활성제를 사용하지 않고 수성의 막을 이용한다.
③ 내열성이 뛰어나고 고온의 화재일수록 효과적이다.
④ 일반적으로 불소계 계면활성제를 사용한다.

정답 ④

수성막포 소화약제는 불소계 계면활성제가 주성분인 포 소화약제로 특히 기름 화재용 포액으로 가장 좋은 소화력을 가지고 있다.

21 이산화탄소 소화기에 대한 설명으로 옳은 것은?

① C급 화재에는 적응성이 없다.
② 다량의 물질이 연소하는 A급 화재에 가장 효과적이다.
③ 밀폐되지 않은 공간에서 사용할 때 가장 소화효과가 좋다.
④ 방출용 동력이 별도로 필요치 않다.

정답 ④

이산화탄소가 압축되어 있다가 팽창하며 분사되므로 별도의 방출 동력이 필요하지 않다.

① 전기절연성이 우수하여 C급 화재(전기화재)에도 용이하다.
② A급 화재는 다량의 물로 인한 냉각소화가 가장 효과적이다.
③ 질식효과를 이용하기 때문에 밀폐된 공간에서 사용 시 효과적이다.

22 소화약제로서 물이 갖는 특성에 대한 설명으로 옳지 않은 것은?

① 유화효과(emulsification effect)도 기대할 수 있다.
② 증발잠열이 커서 기화 시 다량의 열을 제거한다.
③ 기화팽창률이 커서 질식효과가 있다.
④ 용융잠열이 커서 주수 시 냉각효과가 뛰어나다.

정답 ④

물은 용융잠열이 아니라 증발잠열(기화잠열)이 커서 주수 시 냉각효과가 뛰어나다.

23 불활성가스 소화약제 중 IG－541의 구성성분이 아닌 것은?

① N_2　　② Ar
③ Ne　　④ CO_2

정답 ③

IG－541는 N_2(52%)＋Ar(40%)＋CO_2(8%)로 이루어져 있다.

불활성가스 소화약제
- IG－100 : N_2(100%)
- IG－55 : N_2(50%)＋Ar(50%)
- IG－541 : N_2(52%)＋Ar(40%)＋CO_2(8%)

24 위험물안전관리법령에 따른 옥내소화전설비의 기준에서 펌프를 이용한 가압송수장치의 경우 펌프의 전양정(H)을 구하는 식으로 옳은 것은? (단, h_1은 소방용 호스의 마찰손실수두, h_2는 배관의 마찰손실수두, h_3는 낙차이며, h_1, h_2, h_3의 단위는 모두 m이다.)

① $H=h_1+h_2+h_3$ ② $H=h_1+h_2+h_3+0.35m$
③ $H=h_1+h_2+h_3+35m$ ④ $H=h_1+h_2+0.35m$

정답 ③

펌프의 전양정(H)을 구하는 식은 $H=h_1+h_2+h_3+35m$이다.

압력수조의 최소압력(P)
$P=p_1+p_2+p_3+0.35$ MPa

25 스프링클러 설비의 장점이 아닌 것은?

① 소화약제가 물이므로 소화약제의 비용이 절감된다.
② 초기 시공비가 매우 적게 든다.
③ 화재 시 사람의 조작 없이 작동이 가능하다.
④ 초기화재의 진화에 효과적이다.

정답 ②

스프링클러의 단점은 초기 시공이 타 설비보다 복잡하여 시공비용이 많이 든다는 점이다.

26 이산화탄소소화설비의 소화약제 방출방식 중 전역방출방식 소화설비에 대한 설명으로 옳은 것은?

① 발화위험 및 연소위험이 적고 광대한 실내에서 특정장치나 기계만을 방호하는 방식
② 일정 방호구역 전체에 방출하는 경우 해당 부분의 구획을 밀폐하여 불연성가스를 방출하는 방식
③ 일반적으로 개방되어 있는 대상물에 대하여 설치하는 방식
④ 사람이 용이하게 소화활동을 할 수 있는 장소에서는 호스를 연장하여 소화활동을 행하는 방식

정답 ②

전역방출방식은 가연물이 있는 방이나 구역 전체에 불연성가스를 방출하는 방식이다.

27 강화액 소화기에 대한 설명으로 옳은 것은?

① 물의 유동성을 강화하기 위한 유화제를 첨가한 소화기이다.
② 물의 표면장력을 강화하기 위해 탄소를 첨가한 소화기이다.
③ 산 · 알칼리 액을 주성분으로 하는 소화기이다.
④ 물의 소화효과를 높이기 위해 염류를 첨가한 소화기이다.

정답 ④

강화액 소화기는 물의 어는점을 낮추고 소화효과를 높이기 위해 탄산칼륨(K_2CO_3)과 같은 염류를 첨가한 소화기이다. 액성은 알칼리성이다.

28 할로겐화합물 소화약제의 조건으로 옳은 것은?

① 비점이 높을 것
② 기화되기 쉬울 것
③ 공기보다 가벼울 것
④ 연소성이 좋을 것

정답 ②

할로겐화합물 소화약제는 비점이 낮고, 기화되기 쉽고, 공기보다 무겁고, 불연성이어야 한다.

29 Halon 1301에 해당하는 분자식은?

① CF_3Br ② CBr_3F
③ CH_3Br ④ CH_3Cl

정답 ①

Halon 번호는 앞에서부터 C−F−Cl−Br−I의 개수를 나타낸다. Halon 1301은

C	F	Cl	Br
1	3	0	1

이 되어 CF_3Br을 나타낸다.

30 Halon 1301, Halon 1211, Halon 2402 중 상온, 상압에서 액체상태인 Halon 소화약제로만 나열한 것은?

① Halon 1211
② Halon 2402
③ Halon 1301, Halon 1211
④ Halon 2402, Halon 1211

정답 ②

상온, 상압에서 액체로 존재하는 것은 Halon 2402이고, 기체로 존재하는 것은 Halon 1301, 1211이다.

31 이황화탄소의 액면 위에 물을 채워두는 이유로 가장 적합한 것은?

① 공기와 접촉하면 발생하는 불쾌한 냄새를 방지하기 위해
② 화재 발생 시 물로 소화를 하기 위해
③ 불순물을 물에 용해시키기 위해
④ 가연성 증기의 발생을 방지하기 위해

정답 ④

이황화탄소는 비수용성으로 가연성 증기의 발생을 방지하기 위해 물속에 저장한다.

32 **알코올 화재 시 보통의 포 소화약제는 알코올형포 소화약제에 비하여 소화효과가 낮다. 그 이유로서 가장 타당한 것은?**

① 소화약제와 섞이지 않아서 연소면을 확대하기 때문에
② 알코올은 포와 반응하여 가연성가스를 발생하기 때문에
③ 알코올이 연료로 사용되어 불꽃의 온도가 올라가기 때문에
④ 수용성 알코올로 인해 포가 파괴되기 때문에

정답 ④

보통의 포 소화약제는 수용성인 알코올로 인해 포가 파괴되기 때문에 수용성 액체 위험물 화재 시에는 알코올형포 소화약제(내알코올포 소화약제)를 사용해야 한다.

33 **전역방출방식의 할로겐화물 소화설비의 분사헤드에서 Halon 1211을 방사하는 경우의 방사압력은 얼마 이상으로 하여야 하는가?**

① 0.1MPa ② 0.2MPa
③ 0.5MPa ④ 0.9MPa

정답 ②

위험물안전관리에 관한 세부기준 제135조에 의하면 하론 1211의 방사압력은 0.2MPa 이상이어야 한다.

34 **위험물안전관리법령상 전역방출방식 또는 국소방출방식의 분말소화설비의 기준에서 가압식의 분말소화설비에는 얼마 이하의 압력으로 조정할 수 있는 압력조정기를 설치하여야 하는가?**

① 2.0MPa ② 2.5MPa
③ 3.0MPa ④ 5.0MPa

정답 ②

위험물안전관리에 관한 세부기준 제136조에 의하면 가압식의 분말소화설비에는 2.5MPa 이하의 압력으로 조정할 수 있는 압력조정기를 설치해야 한다.

35 **위험물제조소등에 설치하는 이산화탄소 소화설비에 있어 저압식저장용기에 설치하는 압력경보장치의 작동압력 기준은?**

① 0.9MPa 이하, 1.3MPa 이상
② 1.9MPa 이하, 2.3MPa 이상
③ 0.9MPa 이하, 2.3MPa 이상
④ 1.9MPa 이하, 1.3MPa 이상

정답 ②

위험물안전관리에 관한 세부기준 제134조에 의하면 이산화탄소를 저장하는 저압식저장용기에는 2.3MPa 이상의 압력 및 1.9MPa 이하의 압력에서 작동하는 압력경보장치를 설치해야 한다.

36 **위험물제조소 등에 설치하는 이산화탄소소화설비의 기준으로 틀린 것은?**

① 저장용기의 충전비는 고압식에 있어서는 1.5 이상 1.9 이하, 저압식에 있어서는 1.1 이상 1.4 이하로 한다.
② 저압식 저장용기에는 2.3MPa 이상 및 1.9MPa 이하의 압력에서 작동하는 압력경보장치를 설치한다.
③ 저압식 저장용기에는 용기 내부의 온도를 −20℃ 이상, −18℃ 이하로 유지할 수 있는 자동냉동기를 설치한다.
④ 기동용 가스용기는 20MPa 이상의 압력에 견딜 수 있는 것이어야 한다.

정답 ④

위험물안전관리에 관한 세부기준 제134조에 의하면 기동용 가스용기는 25MPa 이상의 압력에 견딜 수 있는 것이어야 한다.

37 **위험물안전관리법령상 이동탱크저장소에 의한 위험물의 운송 시 위험물운송자가 위험물안전카드를 휴대하지 않아도 되는 물질은?**

① 휘발유 ② 과산화수소
③ 경유 ④ 벤조일퍼옥사이드

정답 ③

위험물(제4류 위험물에 있어서는 특수인화물 및 제1석유류에 한함)을 운송하는 자는 위험물안전카드를 휴대해야 한다. 경유는 제4류 위험물 중 제2석유류이므로 운송 시 위험물안전카드가 필요 없다.

38 **위험물안전관리법령상 전역방출방식 또는 국소방출방식의 불활성가스소화설비 저장용기의 설치기준으로 틀린 것은?**

① 온도가 40℃ 이하이고 온도 변화가 적은 장소에 설치할 것
② 저장용기의 외면에 소화약제의 종류와 양, 제조연도 및 제조자를 표시할 것
③ 직사일광 및 빗물이 침투할 우려가 적은 장소에 설치할 것
④ 방호구역 내의 장소에 설치할 것

정답 ④

전역방출방식 또는 국소방출방식의 불활성가스소화설비 저장용기는 방호구역 외의 장소에 설치해야 한다.

39 **위험물제조소의 환기설비 설치 기준으로 옳지 않은 것은?**

① 환기구는 지붕 위 또는 지상 2m 이상의 높이에 설치할 것
② 급기구는 바닥면적 $150m^2$ 마다 1개 이상으로 할 것
③ 환기는 자연배기방식으로 할 것
④ 급기구는 높은 곳에 설치하고 인화방지망을 설치할 것

정답 ④

급기구는 낮은 곳에 설치하고 환기구는 지붕 위 또는 지상 2m 이상의 높이에 설치해야 한다.

40 정전기를 유효하게 제거할 수 있는 설비를 설치하고자 할 때 위험물안전관리법령에서 정한 정전기 제거 방법의 기준으로 옳은 것은?

① 공기 중의 상대습도를 70% 이상으로 하는 방법
② 공기 중의 상대습도를 70% 미만으로 하는 방법
③ 공기 중의 절대습도를 70% 이상으로 하는 방법
④ 공기 중의 절대습도를 70% 미만으로 하는 방법

정답 ①

정전기를 제거하기 위해 공기 중의 상대 습도를 70% 이상으로 해야 한다.

41 소화기에 'B－2'라고 표시되어 있었다. 이 표시의 의미를 가장 옳게 나타낸 것은?

① 일반화재에 대한 능력단위 2단위에 적용되는 소화기
② 일반화재에 대한 무게단위 2단위에 적용되는 소화기
③ 유류화재에 대한 능력단위 2단위에 적용되는 소화기
④ 유류화재에 대한 무게단위 2단위에 적용되는 소화기

정답 ③

소화기에는 '적응화재－능력단위'가 표시된다. B급 화재는 유류화재이다.

42 위험물안전관리법령상 간이소화용구(기타소화설비)인 팽창질석은 삽을 상비한 경우 몇 L가 능력단위 1.0인가?

① 70L
② 100L
③ 130L
④ 160L

정답 ④

소화설비	용량	능력단위
소화전용 물통	8L	0.3
마른 모래 ＋ 삽 1개	50L	0.5
팽창질석 또는 팽창진주암 ＋ 삽 1개	160L	1.0
수조＋ 물통 3개	80L	1.5
수조＋ 물통 6개	190L	2.5

43 위험물안전관리법령에서 정한 다음의 소화설비 중 능력단위가 가장 큰 것은?

① 팽창진주암 160L(삽 1개 포함)
② 수조 80L(소화전용물통 3개 포함)
③ 마른 모래 50L(삽 1개 포함)
④ 팽창질석 160L(삽 1개 포함)

정답 ②

능력단위가 가장 큰 것은 물통 3개를 포함한 수조 80L이다.
② 1.5
① 1.0
③ 0.5
④ 1.0

44 클로로벤젠 300,000L의 소요단위는 얼마인가?

① 20 ② 30
③ 200 ④ 300

정답 ②

클로로벤젠의 지정수량은 1,000L
위험물의 소요단위

$=\frac{\text{주어진 양}}{\text{지정수량}\times 10}$

$\therefore \frac{300,000}{1,000\times 10}=30$소요단위

45 디에틸에테르 2,000L와 아세톤 4,000L를 옥내저장소에 저장하고 있다면 총 소요단위는 얼마인가?

① 5 ② 6
③ 50 ④ 60

정답 ①

디에틸에테르의 지정수량은 50L
아세톤의 지정수량은 400L

$\therefore \frac{2,000}{50\times 10}+\frac{4,000}{400\times 10}$
$=4+1=5$소요단위

46 위험물안전관리법령상 제조소 건축물로 외벽이 내화구조인 것의 1 소요단위는 연면적이 몇 m^2인가?

① 50 ② 100
③ 150 ④ 1,000

정답 ②

구분	내화구조	비내화구조
제조소 취급소	$100m^2$	$50m^2$
저장소	$150m^2$	$75m^2$
위험물	지정수량×10	

PART 3 과목별 빈출문제

47 외벽이 내화구조인 위험물저장소 건축물의 연면적이 $1,500m^2$인 경우 소요단위는?

① 6 ② 10
③ 13 ④ 14

정답 ②

내화구조인 저장소의 경우 $150m^2$가 1소요단위이다.

$\therefore \frac{1,500}{150} = 10$소요단위

48 하론 2402를 소화약제로 사용하는 이동식 할로겐화물소화설비는 20℃의 온도에서 하나의 노즐마다 분당 방사되는 소화약제의 양(kg)을 얼마 이상으로 하여야 하는가?

① 5 ② 35
③ 45 ④ 50

정답 ③

위험물안전관리에 관한 세부기준 제135조에 의하면 하나의 노즐마다 온도 20℃에서 1분당 하론 2402는 45kg, 하론 1211은 40kg, 하론 1301은 35kg 이상을 방사할 수 있도록 한다.

49 위험제조소등에 설치된 옥외소화전설비는 모든 옥외소화전(설치개수가 4개 이상인 경우는 4개의 옥외소화전)을 동시에 사용할 경우에 각 노즐선단의 방수압력은 몇 kPa 이상이어야 하는가?

① 250 ② 300
③ 350 ④ 450

정답 ③

이동식포소화설비는 4개(호스접속구가 4개 미만인 경우에는 그 개수)의 노즐을 동시에 사용할 경우에 각 노즐선단의 방사압력은 0.35MPa(=350kPa) 이상이어야 한다.

50 위험물안전관리법령상 옥내소화전설비에 관한 기준에 대해 다음 ( )에 알맞은 수치를 옳게 나열한 것은?

> 옥내소화전설비는 각 층을 기준으로 하여 당해 층의 모든 옥내소화전(설치개수가 5개 이상인 경우는 5개의 옥내소화전)을 동시에 사용할 경우에 각 노즐선단의 방수압력이 ( )kPa 이상이고 방수량이 1분 당 ( )L 이상의 성능이 되도록 할 것

① 350, 260 ② 450, 260
③ 350, 450 ④ 450, 450

정답 ①

옥내소화전설비는 각 층을 기준으로 하여 당해 층의 모든 옥내소화전(설치개수가 5개 이상인 경우는 5개의 옥내소화전)을 동시에 사용할 경우에 각 노즐선단의 방수압력이 350kPa 이상이고 방수량이 1분 당 260L 이상의 성능이 되도록 할 것

51 위험물제조소에 옥내소화전을 각 층에 8개씩 설치하도록 할 때 수원의 최소 수량은 얼마인가?

① $13m^3$　② $20.8m^3$
③ $39m^3$　④ $62.4m^3$

정답 ③

가장 많이 설치된 층의 옥내소화전 개수×$7.8m^3$(단, 5개 이상인 경우는 5개로 계산)
5개 이상이므로 5로 계산하여 $5 \times 7.8 = 39m^3$이다.

52 위험물제조소등의 스프링클러설비의 기준에 있어 개방형 스프링클러헤드는 스프링클러헤드의 반사판으로부터 하방 및 수평방향으로 각각 몇 m의 공간을 보유하여야 하는가?

① 하방 0.3m, 수평방향 0.45m
② 하방 0.3m, 수평방향 0.3m
③ 하방 0.45m, 수평방향 0.45m
④ 하방 0.45m, 수평방향 0.3m

정답 ④

위험물안전관리에 관한 세부기준 제131조에 의하면 개방형 스프링클러헤드는 스프링클러헤드의 반사판으로부터 하방으로 0.45m, 수평방향으로 0.3m의 공간을 보유해야 한다.

53 위험물제조소등에 설치하는 포 소화설비에 있어서 포헤드 방식의 포헤드는 방호대상물의 표면적(m^2) 얼마 당 1개 이상의 헤드를 설치하여야 하는가?

① 3　② 5
③ 9　④ 12

정답 ③

방호대상물의 표면적(건축물의 경우에는 바닥면적) $9m^2$당 1개 이상의 헤드를, 방호대상물의 표면적 $1m^2$당의 방사량이 6.5L/min 이상의 비율로 계산한 양의 포수용액을 표준방사량으로 방사할 수 있도록 설치해야 한다.

54 인화점이 70℃ 이상인 제4류 위험물을 저장 · 취급하는 소화난이도등급 I 의 옥외탱크저장소(지중탱크 또는 해상탱크 외의 것)에 설치하는 소화설비는?

① 스프링클러소화설비　② 물분무소화설비
③ 간이소화설비　④ 분말소화설비

정답 ②

인화점이 70℃ 이상인 제4류 위험물을 저장 · 취급하는 것은 물분무소화설비 또는 고정식 포소화설비를 설치한다. 유황만을 저장 · 취급하는 것은 물분무소화설비를, 그 밖의 것은 고정식 포소화설비(적응성이 없을 경우 분말소화설비)를 설치한다.

55 **다음 각 위험물의 저장소에서 화재가 발생하였을 때 물을 사용하여 소화할 수 있는 물질은?**

① K_2O_2 ② CaC_2
③ Al_4C_3 ④ P_4

정답 ④

황린(P_4)은 제3류 위험물이긴 하나, 물과 반응성이 없어 초기 화재 시 물로 소화 가능하다.

56 **위험물안전관리법령상 위험물 저장 · 취급 시 화재 또는 재난을 방지하기 위하여 자체소방대를 두어야 하는 경우가 아닌 것은?**

① 지정수량의 3천 배 이상의 제4류 위험물을 저장 · 취급하는 제조소
② 지정수량의 3천 배 이상의 제4류 위험물을 저장 · 취급하는 일반취급소
③ 지정수량의 2천 배의 제4류 위험물을 취급하는 일반취급소와 지정수량이 1천 배의 제4류 위험물을 취급하는 제조소가 동일한 사업소에 있는 경우
④ 지정수량의 3천 배 이상의 제4류 위험물을 저장 · 취급하는 옥외탱크저장소

정답 ④

지정수량의 3천 배 이상의 제4류 위험물을 저장 또는 취급하는 제조소 또는 일반취급소에 자체소방대를 두어야 한다. 제4류 위험물을 저장하는 옥외탱크저장소의 경우, 지정수량의 50만 배 이상일 경우가 되어야 한다.

57 **다음은 위험물안전관리법령에서 정한 제조소등에서의 위험물의 저장 및 취급에 관한 기준 중 위험물의 유별 저장 · 취급의 공통기준에 관한 내용이다. ( ) 안에 알맞은 것은?**

> ( )은 가연물과의 접촉 · 혼합이나 분해를 촉진하는 물품과의 접근 또는 과열을 피하여야 한다.

① 제2류 위험물 ② 제4류 위험물
③ 제5류 위험물 ④ 제6류 위험물

정답 ④

제6류 위험물은 가연물과의 접촉 · 혼합이나 분해를 촉진하는 물품과의 접근 또는 과열을 피하여야 한다.(제1류 위험물 역시 가연물과의 접촉 · 혼합이나 분해를 촉진하는 물품과의 접근 또는 과열 · 충격 · 마찰 등을 피하는 한편, 알칼리금속의 과산화물 및 이를 함유한 것에 있어서는 물과의 접촉을 피하여야 한다.)

58 **다음 물질의 화재 시 내알코올포를 사용하지 못하는 것은?**

① 아세트알데히드 ② 알킬리튬
③ 아세톤 ④ 에탄올

정답 ②

내알코올포는 제4류 위험물 중 물에 녹는 위험물에 사용할 수 있다. 알킬리튬은 제3류 위험물로, 마른 모래, 팽창질석, 팽창진주암 등을 사용하는 것이 적절하다.

59 **위험물안전관리법령상 제3류 위험물 중 금수성물질에 적응성이 있는 소화기는?**

① 할로겐화합물소화기
② 인산염류분말소화기
③ 이산화탄소소화기
④ 탄산수소염류분말소화기

정답 ④

제3류 위험물 중 금수성 물질에는 탄산수소염류분말소화기, 마른 모래, 팽창질석, 팽창진주암 등이 적응성이 있고, 제3류 위험물 중 금수성 이외의 물질에는 포소화설비가 적응성이 있다.

60 **위험물안전관리법령상 제2류 위험물인 철분의 화재에 적응성이 있는 소화설비는?**

① 포소화설비 ② 할로겐화합물소화설비
③ 탄산수소염류 분말소화설비 ④ 물분무소화설비

정답 ③

제2류 위험물인 철분, 금속분, 마그네슘 등의 화재에는 주수가 금지되며 탄산수소염류 분말소화설비, 팽창질석, 팽창진주암, 마른 모래 등을 이용해야 한다.

3과목 위험물의 성질과 취급

01 제3류 위험물의 운반 시 혼재할 수 있는 위험물은 제 몇 류 위험물인가? (단, 각각 지정수량의 10배인 경우이다.)

① 제1류 ② 제2류
③ 제4류 ④ 제5류

정답 ③

제3류 위험물은 제4류 위험물과만 혼재 가능하다.

혼재가능 위험물

제1류	제2류	제3류
제6류	제4류, 제5류	제4류
제4류	**제5류**	**제6류**
제2류, 제3류, 제5류	제2류, 제4류	제1류

02 위험물안전관리법령상 지정수량의 각각 10배를 운반할 때 혼재할 수 있는 위험물은?

① 과산화나트륨과 과염소산
② 과망간산칼륨과 적린
③ 질산과 알코올
④ 과산화수소와 아세톤

정답 ①

제1류는 제6류와 혼재 가능하다.
① 과산화나트륨(제1류) – 과염소산(제6류)
② 과망간산칼륨(제1류) – 적린(제2류)
③ 질산(제6류) – 알코올(제4류)
④ 과산화수소(제6류) – 아세톤(제4류)

03 위험물을 저장 또는 취급하는 탱크의 용량산정 방법에 관한 설명으로 옳은 것은?

① 탱크의 내용적에서 공간용적을 뺀 용적으로 한다.
② 탱크의 공간용적에서 내용적을 뺀 용적으로 한다.
③ 탱크의 공간용적에 내용적을 더한 용적으로 한다.
④ 탱크의 볼록하거나 오목한 부분을 뺀 용적으로 한다.

정답 ①

탱크의 용량 = 탱크의 내용적 – 공간용적

04 그림과 같은 위험물을 저장하는 탱크의 내용적은 약 몇 m^3인가? (단, r은 10m, l은 25m이다.)

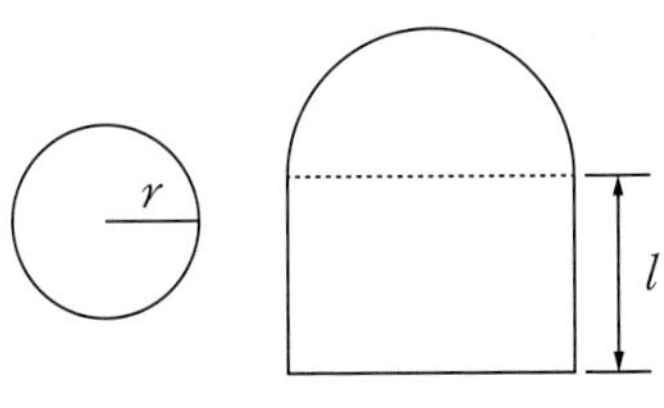

① 3,612　　② 4,754
③ 5,812　　④ 7,854

정답 ④

밑면이 원형인 종형 탱크의 내용적 구하는 공식은 $\pi r^2 l$이므로 주어진 수치를 식에 대입하면

$V = \pi \times 10^2 \times 25 \fallingdotseq 7{,}854 m^3$

05 그림과 같은 타원형 탱크의 내용적은 약 몇 m^3인가?

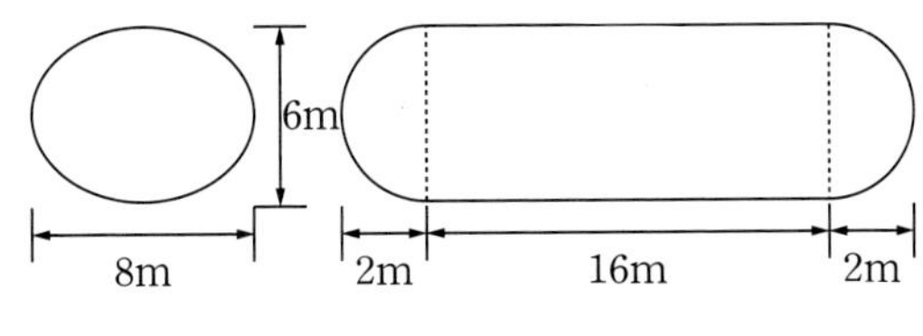

① 453　　② 553
③ 653　　④ 753

정답 ③

밑면이 타원형인 횡형 탱크의 내용적 구하는 공식은

$\frac{\pi ab}{4}(l + \frac{l_1 + l_2}{3})$이므로

주어진 수치를 식에 대입하면

$V = \frac{\pi \times 8 \times 6}{4} \times (16 + \frac{2+2}{3})$

$\fallingdotseq 653 m^3$

06 고체위험물은 운반용기 내용적의 몇 % 이하의 수납률로 수납하여야 하는가?

① 90　　② 95
③ 98　　④ 99

정답 ②

고체 위험물은 운반용기 내용적의 95% 이하, 액체 위험물은 운반용기 내용적의 98% 이하의 수납률로 수납해야 한다.

07 위험물안전관리법령에 근거한 위험물 운반 및 수납 시 주의사항에 대한 설명 중 틀린 것은?

① 위험물을 수납하는 용기는 위험물이 누설되지 않게 밀봉시켜야 한다.

② 온도 변화로 가스가 발생해 운반용기 안의 압력이 상승할 우려가 있는 경우(발생한 가스가 위험성이 있는 경우 제외)에는 가스 배출구가 설치된 운반용기에 수납할 수 있다.

③ 액체 위험물은 운반용기 내용적의 98% 이하의 수납률로 수납하되 55℃의 온도에서 누설되지 아니하도록 충분한 공간 용적을 유지하도록 하여야 한다.

④ 고체 위험물은 운반용기 내용적의 98% 이하의 수납률로 수납하여야 한다.

정답 ④

고체 위험물은 운반용기 내용적의 95% 이하의 수납률로 수납하여야 한다.

08 위험물안전관리법령상 위험물의 운반용기 외부에 표시해야 할 사항이 아닌 것은? (단, 용기의 용적은 10L이며 원칙적인 경우에 한한다.)

① 위험물의 화학명 ② 위험물의 지정수량

③ 위험물의 품명 ④ 위험물의 수량

정답 ②

위험물의 운반용기 외부에는 품명, 위험등급, 화학명, 수용성, 수량, 주의사항을 표시해야 한다. 지정수량은 표시사항이 아니다.

09 위험물제조소의 배출설비 기준 중 국소방식의 경우 배출능력은 1시간당 배출장소 용적의 몇 배 이상으로 해야 하는가?

① 10배 ② 20배

③ 30배 ④ 40배

정답 ②

위험물제조소의 배출설비 기준 중 국소방식의 경우에는 배출능력이 1시간당 배출장소 용적의 20배 이상인 것으로 하여야 한다.

10 **제1류 위험물 중 무기과산화물 150kg, 질산염류 300kg, 중크롬산염류 3,000kg을 저장하고 있다. 각각 지정수량의 배수의 총합은 얼마인가?**

① 5　② 6
③ 7　④ 8

정답 ③

$\text{지정수량의 배수} = \frac{\text{저장수량의 합}}{\text{지정수량}}$ 이므로 각각의 지정수량의 배수는 다음과 같다.

- 무기과산화물 : $\frac{150}{50} = 3$
- 질산염류 : $\frac{300}{300} = 1$
- 중크롬산염류 : $\frac{3,000}{1,000} = 3$

$\therefore 3+1+3=7$

11 **어떤 공장에서 아세톤과 메탄올을 18L 용기에 각각 10개, 등유를 200L 드럼으로 3드럼을 저장하고 있다면 각각의 지정수량 배수의 총합은 얼마인가?**

① 1.3　② 1.5
③ 2.3　④ 2.5

정답 ②

$\text{지정수량의 배수} = \frac{\text{저장수량의 합}}{\text{지정수량}}$ 이므로 각각의 지정수량의 배수는 다음과 같다.

- 아세톤 : $\frac{18 \times 10}{400} = 0.45$
- 메탄올 : $\frac{18 \times 10}{400} = 0.45$
- 등유 : $\frac{200 \times 3}{1,000} = 0.6$

$\therefore 0.45+0.45+0.6=1.5$

12 **위험물안전관리법령상의 지정수량이 나머지 셋과 다른 하나는?**

① 질산에스테르류　② 니트로소화합물
③ 디아조화합물　④ 히드라진 유도체

정답 ①

각각의 지정수량은 다음과 같다.

- 질산에스테르류 : 10kg
- 니트로소화합물, 디아조화합물, 히드라진 유도체 : 200kg

13 지정수량 이상의 위험물을 차량으로 운반하는 경우에는 차량에 설치하는 표지의 색상에 관한 내용으로 옳은 것은?

① 흑색바탕에 청색의 도료로 "위험물"이라고 표기할 것
② 흑색바탕에 황색의 반사도료로 "위험물"이라고 표기할 것
③ 적색바탕에 흰색의 반사도료로 "위험물"이라고 표기할 것
④ 적색바탕에 흑색의 도료로 "위험물"이라고 표기할 것

정답 ②

위험물운반차량의 경우, 전면 및 후면 위치의 보기 쉬운 곳에 흑색바탕에 황색의 반사도료로 "위험물"이라고 표기해야 한다.

14 위험물의 운반용기 외부에 수납하는 위험물의 종류에 따라 표시하는 주의사항을 옳게 연결한 것은?

① 철분－물기주의 ② 염소산칼륨－물기주의
③ 아세톤－화기엄금 ④ 질산－화기엄금

정답 ③

아세톤은 제4류 위험물로, 적색바탕에 백색문자로 "화기엄금" 표시를 하여야 한다.
① 철분－화기주의, 물기엄금
② 염소산칼륨－가연물접촉주의, 화기 · 충격주의, 물기엄금
④ 질산－가연물접촉주의

15 위험물안전관리법령상 제1류 위험물 중 알칼리금속의 과산화물의 운반용기 외부에 표시하여야 하는 주의사항을 모두 나타낸 것은?

① "화기엄금", "충격주의" 및 "가연물접촉주의"
② "화기 · 충격주의", "물기엄금" 및 "가연물접촉주의"
③ "화기주의" 및 "물기엄금"
④ "화기엄금" 및 "물기엄금"

정답 ②

제1류 위험물 중 알칼리금속의 과산화물 운반 용기 외부에는 물기엄금, 가연물접촉주의, 화기 · 충격주의 표시를 반드시 해야 한다.

16 제조소에서 취급하는 위험물의 최대수량이 지정수량의 20배인 경우 보유공지의 너비는 얼마인가?

① 3m 이상 ② 5m 이상
③ 10m 이상 ④ 20m 이상

정답 ②

위험물을 취급하는 건축물 및 그 밖의 시설 주위에는 취급하는 위험물에 최대수량에 따라 다음과 같은 보유공지의 너비를 가져야 한다.

- 지정수량의 10배 이하 : 3m 이상
- 지정수량의 10배 초과 : 5m 이상

17 **최대 아세톤 150톤을 옥외탱크저장소에 저장할 경우 보유공지의 너비는 몇 m 이상으로 하여야 하는가? (단, 아세톤의 비중은 0.79이다.)**

① 3 ② 5
③ 9 ④ 12

정답 ①

아세톤 150톤$=\frac{150,000}{0.79}$L ≒189,873L
아세톤의 지정수량은 400L로, $\frac{189,873}{400}$≒475배이므로 지정수량 500배 이하이다. 이때 옥외탱크저장소 공지의 너비는 3m 이상이다.

18 **위험물 주유취급소의 주유 및 급유 공지의 바닥에 대한 기준으로 옳지 않은 것은?**

① 주위 지면보다 낮게 할 것
② 표면을 적당하게 경사지게 할 것
③ 배수구, 집유설비를 할 것
④ 유분리장치를 할 것

정답 ①

주유취급소의 공지의 바닥은 주위 지면보다 높게 하고 그 표면을 적당히 경사지게 하여 새어나온 기름, 그 밖의 액체가 공지의 외부로 유출되지 아니하도록 배수구 · 집유설비 및 유분리장치를 하여야 한다.

19 **운반할 때 빗물의 침투를 방지하기 위하여 방수성이 있는 피복으로 덮어야 하는 위험물은?**

① TNT ② 이황화탄소
③ 과염소산 ④ 마그네슘

정답 ④

물과 반응을 하는 위험물에는 방수성 있는 피복을 덮어서 운반해야 한다. 마그네슘은 물과 반응하여 수소를 발생시키므로 물기엄금해야 한다.

20 **A 업체에서 제조한 위험물을 B 업체로 운반할 때 규정에 의한 운반용기에 수납하지 않아도 되는 위험물은? (단, 지정수량의 2배 이상인 경우이다.)**

① 덩어리 상태의 유황 ② 금속분
③ 삼산화크롬 ④ 염소산나트륨

정답 ①

위험물안전관리법 시행규칙 별표 19에 따르면, 위험물은 규정에 의한 운반용기에 기준에 따라 수납하여 적재하여야 한다. 다만, 덩어리 상태의 유황을 운반하기 위하여 적재하는 경우 또는 위험물을 동일구내에 있는 제조소등의 상호간에 운반하기 위하여 적재하는 경우에는 그러하지 아니하다.

21 **짚, 헝겊 등을 다음의 물질과 적셔서 대량으로 쌓아 두었을 경우 자연발화의 위험성이 가장 높은 것은?**

① 동유 ② 야자유
③ 올리브유 ④ 피마자유

정답 ①

동식물유류의 요오드값이 클수록 자연발화의 위험이 큰데, 동유는 요오드값이 130 이상인 건성유에 속하여 자연발화의 위험성이 가장 크다. 야자유, 올리브유, 피마자유는 모두 요오드값이 100 이하인 불건성유이다.

22 **황린이 자연발화하기 쉬운 가장 큰 이유는?**

① 끓는점이 낮고 증기압이 높기 때문에
② 인화점이 낮고 가연성 물질이기 때문에
③ 산소와 친화력이 강하고 발화온도가 낮기 때문에
④ 조해성이 강하고 공기 중의 수분에 의해 쉽게 분해되기 때문에

정답 ③

황린의 발화온도는 34℃ 정도로 낮으며 산소와 친화력이 강해 공기 중에서 액화하며 자연발화하기 쉽다.

23 **다음의 2가지 물질을 혼합하였을 때 위험성이 증가하는 경우가 아닌 것은?**

① 과망간산칼륨＋황산
② 니트로셀룰로오스＋알코올수용액
③ 질산나트륨＋유기물
④ 질산＋에틸알코올

정답 ②

니트로셀룰로오스는 알코올과 혼합하여도 안정하기 때문에 위험성이 증가하지 않는다. 이러한 성질 때문에 니트로셀룰로오스 저장 및 운반 시 알코올에 습면한다.

24 **위험물안전관리법령상 다음의 (　　) 안에 알맞은 수치는?**

> 이동저장탱크부터 위험물을 저장 또는 취급하는 탱크에 인화점이 (　　)℃ 미만인 위험물을 주입할 때에는 이동탱크저장소의 원동기를 정지시킬 것

① 40 ② 50
③ 60 ④ 70

정답 ①

위험물안전관리법 시행규칙 별표 18에 따르면 이동저장탱크로부터 위험물을 저장 또는 취급하는 탱크에 인화점이 40℃ 미만인 위험물을 주입할 때에는 이동탱크저장소의 원동기를 정지시켜야 한다.

25 **주유취급소의 고정주유설비는 고정주유설비의 중심선을 기점으로 하여 도로경계선까지 몇 m 이상 떨어져 있어야 하는가?**

① 2 ② 3
③ 4 ④ 5

정답 ③

고정주유설비의 중심선을 기점으로 하여 도로경계선까지 4m 이상, 부지경계선 · 담 및 건축물의 벽까지 2m 이상(개구부가 없는 벽까지는 1m 이상)의 거리를 유지해야 한다.

26 **위험물제조소등의 안전거리의 단축기준과 관련해서 $H \leq pD^2 + a$인 경우 방화상 유효한 담의 높이는 2m 이상으로 한다. 다음 중 a에 해당되는 것은?**

① 인근 건축물의 높이(m)
② 제조소등의 외벽의 높이(m)
③ 제조소등과 공작물과의 거리(m)
④ 제조소등과 방화상 유효한 담과의 거리(m)

정답 ②

$H \leq pD^2 + a$에서
H : 인근 건축물 또는 공작물의 높이(m)
p : 상수
D : 제조소등과 인근 건축물 또는 공작물과의 거리(m)
a : 제조소등의 외벽의 높이(m)
h : 방화상 유효한 담의 높이(m)

27 **위험물안전관리법령상 시 · 도의 조례가 정하는 바에 따르면 관할소방서장의 승인을 받아 지정수량 이상의 위험물을 임시로 제조소등이 아닌 장소에서 취급할 때 며칠 이내의 기간 동안 취급할 수 있는가?**

① 7일 ② 30일
③ 90일 ④ 180일

정답 ③

위험물안전관리법 제5조에 의하면 시 · 도의 조례가 정하는 바에 따라 관할소방서장의 승인을 받아 지정수량 이상의 위험물을 90일 이내의 기간 동안 임시로 저장 또는 취급하는 경우에는 제조소등이 아닌 장소에서 지정수량 이상의 위험물을 취급할 수 있다.

28 **위험물안전관리법령상 위험물의 취급기준 중 소비에 관한 기준으로 틀린 것은?**

① 열처리 작업은 위험물이 위험한 온도에 이르지 아니하도록 하여 실시하여야 한다.
② 담금질 작업은 위험물이 위험한 온도에 이르지 아니하도록 하여 실시하여야 한다.
③ 분사도장 작업은 방화상 유효한 격벽 등으로 구획한 안전한 장소에서 하여야 한다.
④ 버너를 사용하는 경우에는 버너의 역화를 유지하고 위험물이 넘치지 아니하도록 하여야 한다.

정답 ④

버너의 역화를 방지하고 위험물이 넘치지 아니하도록 하여야 한다.

29 위험물안전관리법령상 옥내저장소의 안전거리를 두지 않을 수 있는 경우는?

① 지정수량 20배 이상의 동식물유류
② 지정수량 20배 미만의 특수인화물
③ 지정수량 20배 미만의 제4석유류
④ 지정수량 20배 이상의 제5류 위험물

정답 ③

제4석유류 또는 동식물유류의 위험물을 저장 또는 취급하는 옥내저장소로서 그 최대수량이 지정수량의 20배 미만이면 안전거리를 두지 않을 수 있다.

30 주거용 건축물과 위험물제조소와의 안전거리를 단축할 수 있는 경우는?

① 제조소가 위험물의 화재 진압을 하는 소방서와 근거리에 있는 경우
② 취급하는 위험물의 최대수량(지정수량의 배수)이 10배 미만이고 기준에 의한 방화상 유효한 벽을 설치한 경우
③ 위험물을 취급하는 시설이 철근콘크리트 벽일 경우
④ 취급하는 위험물이 단일 품목일 경우

정답 ②

취급하는 위험물의 최대수량(지정수량의 배수)이 10배 미만이고 기준에 의한 방화상 유효한 벽을 설치한 경우에 안전거리를 단축할 수 있다.

31 위험물제조소는 문화재보호법에 의한 유형문화재로부터 몇 m 이상의 안전거리를 두어야 하는가?

① 20m
② 30m
③ 40m
④ 50m

정답 ④

제조소의 안전거리 기준

- 7,000V 초과 35,000V 이하 특고압가공전선 : 3m 이상
- 35,000V 초과 특고압가공전선 : 5m 이상
- 주택 : 10m 이상
- 가스 저장 · 취급 시설 : 20m 이상
- 학교, 병원, 극장 등 다수인을 수용하는 시설 : 30m 이상
- 문화재 : 50m 이상

32 **다음 그림은 제5류 위험물 중 유기과산화물을 저장하는 옥내저장소의 저장창고를 개략적으로 보여 주고 있다. 창과 바닥으로부터 높이 (a)와 하나의 창의 면적(b)은 각각 얼마로 하여야 하는가? (단, 이 저장창고의 바닥 면적은 150m² 이내이다.)**

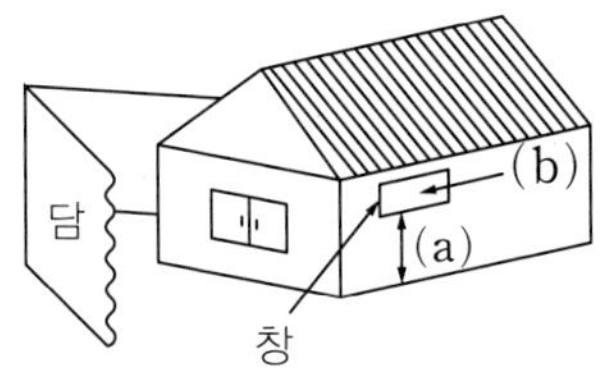

① (a) 2m 이상, (b) 0.6m² 이내
② (a) 3m 이상, (b) 0.4m² 이내
③ (a) 2m 이상, (b) 0.4m² 이내
④ (a) 3m 이상, (b) 0.6m² 이내

정답 ③

저장창고의 창은 바닥면으로부터 2m 이상의 높이에 두되, 하나의 벽면에 두는 창의 면적의 합계를 당해 벽면의 면적의 80분의 1 이내로 하고, 하나의 창의 면적을 0.4m² 이내로 할 것

33 **위험물안전관리법령상 제4류 위험물 옥외저장탱크의 대기밸브부착 통기관은 몇 kPa 이하의 압력 차이로 작동할 수 있어야 하는가?**

① 2
② 3
③ 4
④ 5

정답 ④

제4류 위험물 옥외저장탱크의 대기밸브부착 통기관은 5kPa 이하의 압력 차이로 작동할 수 있어야 한다.

34 **위험물 지하탱크저장소의 탱크전용실 설치기준으로 틀린 것은?**

① 철근콘크리트 구조의 벽은 두께 0.3m 이상으로 한다.
② 지하저장탱크와 탱크전용실의 안쪽과의 사이는 50cm 이상의 간격을 유지한다.
③ 철근콘크리트 구조의 바닥은 두께 0.3m 이상으로 한다.
④ 벽, 바닥 등에 적정한 방수 조치를 강구한다.

정답 ②

지하저장탱크와 탱크전용실의 안쪽과의 사이는 0.1m 이상의 간격을 유지한다.

35 **위험물안전관리법령상 위험물제조소의 위험물을 취급하는 건축물의 구성부분 중 반드시 내화구조로 하여야 하는 것은?**

① 연소의 우려가 있는 기둥
② 바닥
③ 연소의 우려가 있는 외벽
④ 계단

정답 ③

연소의 우려가 있는 외벽은 출입구 외의 개구부가 없는 내화구조의 벽으로 해야 한다. 벽, 기둥, 바닥, 보, 서까래 및 계단은 불연재료로 한다.

36 **다음 중 위험물의 저장 또는 취급에 관한 기술상의 기준과 관련하여 시·도의 조례에 의해 규제를 받는 경우는?**

① 등유 2,000L를 저장하는 경우
② 중유 3,000L를 저장하는 경우
③ 윤활유 5,000L를 저장하는 경우
④ 휘발유 400L를 저장하는 경우

정답 ③

지정수량 미만인 위험물의 저장 또는 취급에 관한 기술상의 기준은 특별시·광역시 및 도(시·도)의 조례로 정한다. 윤활유의 지정수량은 6,000L이다.

37 **위험물안전관리법령에 의한 위험물제조소의 설치기준으로 옳지 않는 것은?**

① 위험물을 취급하는 기계·기구 그 밖의 설비는 위험물이 새거나 넘치거나 비산하는 것을 방지할 수 있는 구조로 하여야 한다.
② 위험물을 가열하거나 냉각하는 설비 또는 위험물의 취급에 수반하여 온도변화가 생기는 설비에는 온도측정장치를 설치하여야 한다.
③ 위험물을 취급함에 있어서 정전기가 발생할 우려가 있는 설비에는 정전기를 유효하게 제거할 수 있는 설비를 설치하여야 한다.
④ 위험물을 취급하는 동관을 지하에 설치하는 경우에는 지진·풍압·지반침하 및 온도변화에 안전한 구조의 지지물에 설치하여야 한다.

정답 ④

동관을 지하가 아닌 지상에 설치할 경우에 해당하는 설명이다. 위험물을 취급하는 동관을 지상에 설치하는 경우에는 지진·풍압·지반침하 및 온도변화에 안전한 구조의 지지물에 설치하여야 한다.

38 **위험물안전관리법령에서 정하는 제조소와의 안전거리의 기준이 다음 중 가장 큰 것은?**

① 「고압가스 안전관리법」의 규정에 의하여 허가를 받거나 신고를 하여야 하는 고압가스저장시설
② 사용전압이 35,000V를 초과하는 특고압가공전선
③ 병원, 학교, 극장
④ 「문화재보호법」의 규정에 의한 유형문화재와 기념물 중 지정문화재

정답 ④

유형문화재와 기념물 중 지정문화재로부터는 50m 이상이다.
① 20m 이상
② 5m 이상
③ 30m 이상

39 **위험물안전관리법령에 따른 위험물 저장기준으로 틀린 것은?**

① 이동탱크저장소에는 설치허가증과 운송허가증을 비치하여야 한다.
② 지하저장탱크의 주된 밸브는 위험물을 넣거나 빼낼 때 외에는 폐쇄하여야 한다.
③ 아세트알데히드를 저장하는 이동저장탱크에는 탱크 안에 불활성 가스를 봉입하여야 한다.
④ 옥외저장탱크 주위에 설치된 방유제의 내부에 물이나 유류가 괴었을 경우에는 즉시 배출하여야 한다.

정답 ①

이동탱크저장소에는 당해 이동탱크저장소의 완공검사확인증 및 정기점검기록을 비치하여야 한다.

40 **제4류 위험물을 저장하는 이동탱크저장소의 탱크 용량이 19,000L일 때 탱크의 칸막이는 최소 몇 개를 설치해야 하는가?**

① 2　　② 3
③ 4　　④ 5

정답 ③

이동저장탱크는 용량 4,000L마다 칸막이를 설치해야 한다. $19,000 \div 4,000 = 4.75$이므로 최소 5칸이 필요하고, 5칸을 만들기 위해서 칸막이는 $5-1=4$개가 필요하다.

41 **옥외저장소에서 저장할 수 없는 위험물은? (단, 시·도 조례에서 별도로 정하는 위험물 또는 국제해상위험물규칙에 적합한 용기에 수납된 위험물은 제외한다.)**

① 과산화수소　　② 아세톤
③ 에탄올　　④ 유황

정답 ②

아세톤은 인화점이 −18℃인 제4류 위험물 중 제1석유류므로 옥외저장이 불가능하다. 제1석유류가 옥외저장 가능하려면 인화점이 0℃ 이상이어야 한다.

42 옥내저장소에서 위험물 용기를 겹쳐 쌓는 경우에 있어서 제4류 위험물 중 제3석유류만을 수납하는 용기를 겹쳐 쌓을 수 있는 높이는 최대 몇 m인가?

① 3 ② 4
③ 5 ④ 6

정답 ②

제4류 위험물 중 제3석유류, 제4석유류 및 동식물유류를 수납하는 용기만을 겹쳐 쌓는 경우에 있어서는 4m를 초과해서는 안 된다.

43 제조소에서 위험물을 취급함에 있어서 정전기를 유효하게 제거할 수 있는 방법으로 가장 거리가 먼 것은?

① 접지에 의한 방법
② 공기 중의 상대습도를 70% 이상으로 하는 방법
③ 공기를 이온화하는 방법
④ 부도체 재료를 사용하는 방법

정답 ④

부도체 재료를 사용하는 방법은 정전기 제거 방법이 아니다.

정전기 발생 방지법
- 접지
- 상대습도 70% 이상
- 공기의 이온화
- 도체의 연결

44 옥외저장탱크 · 옥내저장탱크 또는 지하저장탱크 중 압력탱크에 저장하는 아세트알데히드 등의 온도는 몇 ℃ 이하로 유지하여야 하는가?

① 30 ② 40
③ 55 ④ 65

정답 ②

옥외저장탱크 · 옥내저장탱크 또는 지하저장탱크 중 압력탱크에 저장하는 아세트알데히드 등 또는 디에틸에테르등의 온도는 40℃ 이하로 유지하여야 한다.

45 위험물안전관리법령상 옥내저장탱크의 상호간에는 몇 m 이상의 간격을 유지하여야 하는가?

① 0.3 ② 0.5
③ 1.0 ④ 1.5

정답 ②

옥내저장탱크와 탱크전용실의 벽과의 사이 및 옥내저장탱크 상호 간에는 0.5m 이상의 간격을 유지해야 한다.

46 위험물제조소 건축물의 구조 기준이 아닌 것은?

① 출입구에는 갑종방화문 또는 을종방화문을 설치할 것
② 지붕은 폭발력이 위로 방출될 정도의 가벼운 불연재료로 덮을 것
③ 벽 · 기둥 · 바닥 · 보 · 서까래 및 계단을 불연재료로 출입구 외의 개구부가 없는 내화구조의 벽으로 하여야 한다.
④ 산화성고체, 가연성고체 위험물을 취급하는 건축물의 바닥은 위험물이 스며들지 못하는 재료를 사용할 것

정답 ④

고체가 아니라 액체 위험물을 취급하는 바닥에 대한 설명이다. 액체 위험물을 취급하는 건축물의 바닥은 위험물이 스며들지 못하는 재료를 사용해야 한다.

47 제조소등의 관계인은 당해 제조소등의 용도를 폐지한 때에는 행정안전부령이 정하는 바에 따라 제조소등의 용도를 폐지한 날부터 며칠 이내에 시 · 도지사에게 신고하여야 하는가?

① 5일 ② 7일
③ 14일 ④ 21일

정답 ③

제조소등의 관계인은 당해 제조소등의 용도를 폐지한 때에는 행정안전부령이 정하는 바에 따라 제조소등의 용도를 폐지한 날부터 14일 이내에 시 · 도지사에게 신고하여야 한다.

48 다음 위험물 중에서 인화점이 가장 낮은 것은?

① $C_6H_5CH_3$ ② $C_6H_5CHCH_2$
③ CH_3OH ④ CH_3CHO

정답 ④

아세트알데히드는 제4류 위험물 중 특수인화물로 인화점이 −38℃이다.
① 4℃
② 31℃
③ 11℃

49 삼황화린과 오황화린의 공통 연소생성물을 모두 나타낸 것은?

① H_2S, SO_2 ② P_2O_5, H_2S
③ SO_2, P_2O_5 ④ H_2S, SO_2, P_2O_5

정답 ③

- 삼황화린(P_4S_3) : $P_4S_3 + 8O_2 \rightarrow 3SO_2 + 2P_2O_5$
- 오황화린(P_2S_5) : $2P_2S_5 + 15O_2 \rightarrow 10SO_2 + 2P_2O_5$

공통생성물은 SO_2와 P_2O_5이다.

50 **과산화나트륨이 물과 반응할 때의 변화를 가장 옳게 설명한 것은?**

① 산화나트륨과 수소를 발생한다.
② 물을 흡수하여 탄산나트륨이 된다.
③ 산소를 방출하며 수산화나트륨이 된다.
④ 서서히 물에 녹아 과산화나트륨의 안정한 수용액이 된다.

정답 ③

과산화나트륨은 물과 격렬히 반응하여 산소를 방출하고 수산화나트륨이 된다. 반응식은 다음과 같다.
$2Na_2O_2 + 2H_2O \rightarrow 4NaOH + O_2 \uparrow$

51 **다음 중 물과 반응하여 산소를 발생하는 것은?**

① $KClO_3$　② Na_2O_2
③ $KClO_4$　④ CaC_2

정답 ②

과산화나트륨(Na_2O_2)은 물과 반응하여 산소를 발생시킨다. 반응식은 다음과 같다.
$2Na_2O_2 + 2H_2O \rightarrow 4NaOH + O_2 \uparrow$

52 **물과 반응하였을 때 발생하는 가연성 가스의 종류가 나머지 셋과 다른 하나는?**

① 탄화리튬　② 탄화마그네슘
③ 탄화칼슘　④ 탄화알루미늄

정답 ④

탄화알루미늄은 물과 반응하여 메탄가스(CH_4)를 생성하고, 나머지는 모두 아세틸렌(C_2H_2)을 생성한다.
④ $Al_4C_3 + 12H_2O \rightarrow 4Al(OH)_3 + 3CH_4$
① $Li_2C_2 + 2H_2O \rightarrow 2LiOH + C_2H_2$
② $MgC_2 + 2H_2O \rightarrow Mg(OH)_2 + C_2H_2$
③ $CaC_2 + 2H_2O \rightarrow Ca(OH)_2 + C_2H_2$

53 **오황화린에 관한 설명으로 옳은 것은?**

① 물과 반응하면 불연성기체가 발생된다.
② 담황색 결정으로서 흡습성과 조해성이 있다.
③ P_5S_2로 표현되며 물에 녹지 않는다.
④ 공기 중 상온에서 쉽게 자연발화 한다.

정답 ②

오황화린은 담황색 결정으로 흡습성(습기 · 수분을 흡수하는 성질)과 조해성(공기에 노출된 고체가 수분을 흡수하여 녹는 성질)을 가지고 있다.
① 물과 반응하면 가연성의 황화수소(H_2S)가 발생한다.
③ P_2S_5로 표현된다.
④ 자연발화온도는 약 142℃로, 상온에서 쉽게 자연발화하지 않는다.

54 **위험물안전관리법령에 따른 제4류 위험물 중 제1석유류에 해당하지 않는 것은?**

① 등유　② 벤젠
③ 메틸에틸케톤　④ 톨루엔

정답 ①

등유는 제4류 위험물 중 제2석유류 비수용성에 속한다. 나머지는 모두 제1석유류에 속한다.

55 **염소산칼륨이 고온에서 완전 열분해할 때 주로 생성되는 물질은?**

① 칼륨과 물 및 산소　② 염화칼륨과 산소
③ 이염화칼륨과 수소　④ 칼륨과 물

정답 ②

염소산칼륨의 열분해 반응식은 다음과 같다.

$2KClO_3 \rightarrow 2KCl + 3O_2$

그러므로 생성되는 물질은 염화칼륨(KCl)과 산소(O_2)이다.

56 **가연성 물질이며 산소를 다량 함유하고 있기 때문에 자기연소가 가능한 물질은?**

① $C_6H_2CH_3(NO_2)_3$　② $CH_3COC_2H_5$
③ $NaClO_4$　④ HNO_3

정답 ①

$C_6H_2CH_3(NO_2)_3$은 TNT(트리니트로톨루엔)이라고도 불리며, 제5류 위험물로 자기연소가 가능하다.

57 **다음 물질 중 증기비중이 가장 작은 것은?**

① 이황화탄소　② 아세톤
③ 아세트알데히드　④ 디에틸에테르

정답 ③

$$\text{증기비중} = \frac{\text{분자량}}{\text{공기의 분자량}}$$

이므로 증기비중이 작다는 것은 분자량이 작은 것을 고르라는 뜻이다. 아세트알데히드(C_2H_4O)의 분자량은 44로 가장 작으므로 증기비중 역시 가장 작다.

① 이황화탄소(CS_2) : 76g/mol
② 아세톤(C_3H_6O) : 58g/mol
④ 디에틸에테르($C_4H_{10}O$) : 74g/mol

PART 3 과목별 빈출문제

58 동식물유류에 대한 설명으로 틀린 것은?

① 건성유는 자연발화의 위험성이 높다.
② 불포화도가 높을수록 요오드가가 크며 산화되기 쉽다.
③ 요오드값이 130 이하인 것이 건성유이다.
④ 1기압에서 인화점이 섭씨 250도 미만이다.

정답 ③

요오드값이 130 이상인 것이 건성유이다.

59 인화칼슘이 물과 반응하였을 때 발생하는 기체는?

① 수소 ② 산소
③ 포스핀 ④ 포스겐

정답 ③

인화칼슘과 물의 반응식은 다음과 같다.
$Ca_3P_2+6H_2O$
$\rightarrow 3Ca(OH)_2+2PH_3\uparrow$
생성된 PH_3는 포스핀이라는 유독가스이다.

60 위험물의 저장 및 취급에 대한 설명으로 틀린 것은?

① H_2O_2 : 직사광선을 차단하고 찬 곳에 저장한다.
② MgO_2 : 습기의 존재하에서 산소를 발생하므로 특히 방습에 주의한다.
③ $NaNO_3$: 조해성이 있고 흡습성이 크므로 습기에 주의한다.
④ K_2O_2 : 물과 반응하지 않으므로 물속에 저장한다.

정답 ④

K_2O_2(과산화칼륨)는 물과 반응하여 산소를 발생시키므로 물과의 접촉을 주의해야 한다.

INDUSTRIAL
ENGINEER
HAZARDOUS
MATERIAL

부 록

일반화학
화재예방과 소화방법
위험물의 종류와 특징
위험물 안전
소화설비의 기준

일반화학

1. 주기율과 원자의 구조

주기	가로줄로 7개의 주기가 있음
족	• 세로줄로 18개의 족이 있음 • 같은 족끼리는 화학적 성질이 비슷함

원자번호＝양성자 수＝전자수

질량수＝양성자 수＋중성자 수

2. 오비탈

(1) 오비탈과 전자 수

오비탈	s	p	d	f
오비탈 수	1	3	5	7
최대전자 수	2	6	10	14

(2) 전자배치 에너지 준위

1s＜2s＜2p＜3s＜3p＜4s＜3d＜4p＜5s＜4d＜5p＜6s＜…

3. 주요 원소의 전자배치

원자번호	원소기호	K	L		M		N	전자배치	홀전자수	원자가전자수
		1s	2s	2p	3s	3p	4s			
1	H	[↑]						$1s^1$	1	1
2	He	[↑↓]						$1s^2$	0	0
3	Li	[↑↓]	[↑]					$1s^2 2s^1$	1	1
4	Be	[↑↓]	[↑↓]					$1s^2 2s^2$	0	2
5	B	[↑↓]	[↑↓]	[↑][ ][ ]				$1s^2 2s^2 2p^1$	1	3
6	C	[↑↓]	[↑↓]	[↑][↑][ ]				$1s^2 2s^2 2p^2$	2	4
7	N	[↑↓]	[↑↓]	[↑][↑][↑]				$1s^2 2s^2 2p^3$	3	5
8	O	[↑↓]	[↑↓]	[↑↓][↑][↑]				$1s^2 2s^2 2p^4$	2	6
9	F	[↑↓]	[↑↓]	[↑↓][↑↓][↑]				$1s^2 2s^2 2p^5$	1	7
10	Ne	[↑↓]	[↑↓]	[↑↓][↑↓][↑↓]				$1s^2 2s^2 2p^6$	0	0
11	Na	[↑↓]	[↑↓]	[↑↓][↑↓][↑↓]	[↑]			$1s^2 2s^2 2p^6 3s^1$	1	1
12	Mg	[↑↓]	[↑↓]	[↑↓][↑↓][↑↓]	[↑↓]			$1s^2 2s^2 2p^6 3s^2$	0	2
13	Al	[↑↓]	[↑↓]	[↑↓][↑↓][↑↓]	[↑↓]	[↑][ ][ ]		$1s^2 2s^2 2p^6 3s^2 3p^1$	1	3
14	Si	[↑↓]	[↑↓]	[↑↓][↑↓][↑↓]	[↑↓]	[↑][↑][ ]		$1s^2 2s^2 2p^6 3s^2 3p^2$	2	4
15	P	[↑↓]	[↑↓]	[↑↓][↑↓][↑↓]	[↑↓]	[↑][↑][↑]		$1s^2 2s^2 2p^6 3s^2 3p^3$	3	5
16	S	[↑↓]	[↑↓]	[↑↓][↑↓][↑↓]	[↑↓]	[↑↓][↑][↑]		$1s^2 2s^2 2p^6 3s^2 3p^4$	2	6
17	Cl	[↑↓]	[↑↓]	[↑↓][↑↓][↑↓]	[↑↓]	[↑↓][↑↓][↑]		$1s^2 2s^2 2p^6 3s^2 3p^5$	1	7
18	Ar	[↑↓]	[↑↓]	[↑↓][↑↓][↑↓]	[↑↓]	[↑↓][↑↓][↑↓]		$1s^2 2s^2 2p^6 3s^2 3p^6$	0	0
19	K	[↑↓]	[↑↓]	[↑↓][↑↓][↑↓]	[↑↓]	[↑↓][↑↓][↑↓]	[↑]	$1s^2 2s^2 2p^6 3s^2 3p^6 4s^1$	1	1
20	Ca	[↑↓]	[↑↓]	[↑↓][↑↓][↑↓]	[↑↓]	[↑↓][↑↓][↑↓]	[↑↓]	$1s^2 2s^2 2p^6 3s^2 3p^6 4s^2$	0	2

4. 산 · 염기와 산화 · 환원

(1) 산 · 염기의 정의

구분	산	염기
아레니우스	수용액에서 H^+ 내놓음	수용액에서 OH^- 내놓음
브뢴스테드 −로우리	양성자를 줌	양성자를 받음
루이스	전자쌍을 받음	전자쌍을 줌

(2) 산 · 염기에 따른 지시약 변화

구분	산성	중성	염기성
리트머스	푸른색 → 붉은색		붉은색 → 푸른색
메틸오렌지	빨강	주황/노랑	노랑
페놀프탈레인	무색	무색	붉음
BTB용액	노랑	초록	파랑

(3) 산화 · 환원

구분	산화	환원
산소	얻음	잃음
수소	잃음	얻음
전자	잃음	얻음
산화수	증가	감소

- 산화제 : 자신은 환원되고 다른 물질을 산화시켜주는 물질
- 환원제 : 자신은 산화되고 다른 물질을 환원시켜주는 물질

화재예방과 소화방법

1. 연소이론

(1) 화재 위험성

위험인자	위험성 증가	위험성 감소
온도 산소농도 압력 증기압	높을수록	낮을수록
연소열	커질수록	작을수록
폭발범위	넓을수록	좁을수록
연소속도	빠를수록	느릴수록
인화점 착화온도 점성 비점	낮을수록	높을수록
폭발하한 비중	작을수록	클수록

부록

(2) 연소

① **연소의 3요소** : 가연물, 산소공급원, 점화원

② **가연물의 조건**

클 것(강할 것)	작을 것(낮을 것)
• 표면적 • 산소열량 • 산소와 친화력 • 화학적 활성	• 열전도율 • 활성화에너지

※ 연쇄반응을 일으킬 수 있어야 함

(3) 자연발화

자연발화의 조건	자연발화 방지법
• 주위 습도가 높을 것 • 주위 온도가 높을 것 • 발열량이 클 것 • 표면적이 넓을 것 • 열전도율이 낮을 것	• 주위 습도를 낮출 것 • 주위 온도를 낮출 것 • 통풍을 잘 시킬 것 • 불활성 가스를 주입해 공기와의 접촉면적을 줄일 것 • 열이 축적되지 않게 할 것

(4) 고온체의 색깔과 온도

522℃	700℃	850℃	900℃	950℃	1,100℃	1,300℃	1,500℃
담암적색	암적색	적색	황색	휘적색	황적색	백적색	휘백색

2. 소화이론

(1) 화재의 종류

A급 화재	B급 화재	C급 화재	D급 화재
일반화재	유류 · 가스화재	전기화재	금속화재
종이, 목재, 섬유, 석탄 등	유류, 가스, 제4류 위험물 등	전선, 기계, 발전기, 변압기 등	철분, 마그네슘, 금속분 등
백색	황색	청색	무색 (표시 없음)

(2) 분말 소화약제

<table>
<tr><td rowspan="2">제1종</td><td>• 주성분 : $NaHCO_3$(탄산수소나트륨)
• 착색 : 백색
• 적응화재 : B, C</td></tr>
<tr><td>$2NaHCO_3 \rightarrow Na_2CO_3+CO_2+H_2O$</td></tr>
<tr><td rowspan="2">제2종</td><td>• 주성분 : $KHCO_3$(탄산수소칼륨)
• 착색 : 담회색
• 적응화재 : B, C</td></tr>
<tr><td>$2KHCO_3 \rightarrow K_2CO_3+CO_2+H_2O$</td></tr>
<tr><td rowspan="2">제3종</td><td>• 주성분 : $NH_4H_2PO_4$(제1인산암모늄)
• 착색 : 담홍색
• 적응화재 : A, B, C</td></tr>
<tr><td>$NH_4H_2PO_4 \rightarrow HPO_3+NH_3+H_2O$</td></tr>
<tr><td rowspan="2">제4종</td><td>• 주성분 : $2KHCO_3+(NH_2)_2CO$(탄산수소칼륨+요소)
• 착색 : 회색
• 적응화재 : B, C</td></tr>
<tr><td>$2KHCO_3+(NH_2)_2CO \rightarrow K_2CO_3+2NH_3+2CO_2$</td></tr>
</table>

(3) 기타 소화 반응식

화학포 소화약제	$6NaHCO_3+Al_2(SO_4)_3+18H_2O \rightarrow 6CO_2+2Al(OH)_3+3Na_2SO_4+18H_2O$
산 · 알칼리 소화기	$2NaHCO_3+H_2SO_4 \rightarrow Na_2SO_4+2CO_2+2H_2O$

(4) 하론 번호와 화학식

Halon 번호	화학식
1301	CF_3Br
1211	CF_2ClBr
1011	CH_2ClBr
2402	$C_2F_4Br_2$
1001	CH_3Br
10001	CH_3I
1202	CF_2Br_2
104	CCl_4

※ Halon 번호는 앞에서부터 C－F－Cl－Br－I의 개수를 나타내고 남은 자리를 H가 채운다. 다만, 하론번호를 매길 때는 번호에 H의 개수는 포함시키지 않는다.

(5) 소화설비와 능력단위

소화설비	용량	능력단위
소화전용 물통	8L	0.3
마른 모래＋삽 1개	50L	0.5
팽창질석 또는 팽창진주암＋삽 1개	160L	1.0
수조＋물통 3개	80L	1.5
수조＋물통 6개	190L	2.5

(6) 소요단위

구분	내화구조	비내화구조
제조소	$100m^2$	$50m^2$
취급소		
저장소	$150m^2$	$75m^2$
위험물	지정수량×10	

※ 위험물의 소요단위$=\frac{\text{주어진 양}}{\text{지정수량}\times 10}$

위험물의 종류와 특징

1. 위험물의 구분

(1) 유별 주의사항 표시

유별	구분	주의사항
제1류	알칼리금속의 과산화물	• 물기엄금 • 가연물접촉주의 • 화기 · 충격주의
	그 외	• 가연물접촉주의 • 화기 · 충격주의
제2류	철분 · 금속분 · 마그네슘	• 화기주의 • 물기엄금
	인화성고체	화기엄금
	그 외	화기주의
제3류	자연발화성물질	• 화기엄금 • 공기접촉엄금
	금수성물질	물기엄금
제4류		화기엄금
제5류		• 화기엄금 • 충격주의
제6류		가연물접촉주의

(2) 유별 운반 시 덮개 종류

유별	구분	덮개
제1류	알칼리금속의 과산화물	• 방수성 • 차광성
	그 외	차광성
제2류	철분 · 금속분 · 마그네슘	방수성
	인화성고체	
	그 외	
제3류	자연발화성물질	차광성
	금수성물질	방수성
제4류	특수인화물	차광성
	그 외	
제5류		차광성
제6류		차광성

2. 위험물의 종류

(1) 위험물의 종류 및 지정수량

위험물			지정수량
유별	성질	품명	
제1류	산화성 고체	1. 아염소산염류	50킬로그램
		2. 염소산염류	50킬로그램
		3. 과염소산염류	50킬로그램
		4. 무기과산화물	50킬로그램
		5. 브롬산염류	300킬로그램
		6. 질산염류	300킬로그램
		7. 요오드산염류	300킬로그램
		8. 과망간산염류	1,000킬로그램
		9. 중크롬산염류	1,000킬로그램
		10. 그 밖에 행정안전부령으로 정하는 것 11. 제1호 내지 제10호의 1에 해당하는 어느 하나 이상을 함유한 것	50킬로그램, 300킬로그램 또는 1,000킬로그램
제2류	가연성 고체	1. 황화린	100킬로그램
		2. 적린	100킬로그램
		3. 유황	100킬로그램
		4. 철분	500킬로그램
		5. 금속분	500킬로그램
		6. 마그네슘	500킬로그램
		7. 그 밖에 행정안전부령으로 정하는 것 8. 제1호 내지 제7호의 1에 해당하는 어느 하나 이상을 함유한 것	100킬로그램 또는 500킬로그램
		9. 인화성고체	1,000킬로그램

<table>
<tr><th colspan="4">위험물</th><th rowspan="2">지정수량</th></tr>
<tr><th>유별</th><th>성질</th><th colspan="2">품명</th></tr>
<tr><td rowspan="11">제3류</td><td rowspan="11">자연 발화성 물질 및 금수성 물질</td><td colspan="2">1. 칼륨</td><td>10킬로그램</td></tr>
<tr><td colspan="2">2. 나트륨</td><td>10킬로그램</td></tr>
<tr><td colspan="2">3. 알킬알루미늄</td><td>10킬로그램</td></tr>
<tr><td colspan="2">4. 알킬리튬</td><td>10킬로그램</td></tr>
<tr><td colspan="2">5. 황린</td><td>20킬로그램</td></tr>
<tr><td colspan="2">6. 알칼리금속(칼륨 및 나트륨을 제외한다) 및 알칼리토금속</td><td>50킬로그램</td></tr>
<tr><td colspan="2">7. 유기금속화합물(알킬알루미늄 및 알킬리튬을 제외한다)</td><td>50킬로그램</td></tr>
<tr><td colspan="2">8. 금속의 수소화물</td><td>300킬로그램</td></tr>
<tr><td colspan="2">9. 금속의 인화물</td><td>300킬로그램</td></tr>
<tr><td colspan="2">10. 칼슘 또는 알루미늄의 탄화물</td><td>300킬로그램</td></tr>
<tr><td colspan="2">11. 그 밖에 행정안전부령으로 정하는 것
12. 제1호 내지 제11호의 1에 해당하는 어느 하나 이상을 함유한 것</td><td>10킬로그램, 20킬로그램, 50킬로그램 또는 300킬로그램</td></tr>
<tr><td rowspan="10">제4류</td><td rowspan="10">인화성 액체</td><td colspan="2">1. 특수인화물</td><td>50리터</td></tr>
<tr><td rowspan="2">2. 제1석유류</td><td>비수용성액체</td><td>200리터</td></tr>
<tr><td>수용성액체</td><td>400리터</td></tr>
<tr><td colspan="2">3. 알코올류</td><td>400리터</td></tr>
<tr><td rowspan="2">4. 제2석유류</td><td>비수용성액체</td><td>1,000리터</td></tr>
<tr><td>수용성액체</td><td>2,000리터</td></tr>
<tr><td rowspan="2">5. 제3석유류</td><td>비수용성액체</td><td>2,000리터</td></tr>
<tr><td>수용성액체</td><td>4,000리터</td></tr>
<tr><td colspan="2">6. 제4석유류</td><td>6,000리터</td></tr>
<tr><td colspan="2">7. 동식물유류</td><td>10,000리터</td></tr>
</table>

위험물			지정수량
유별	성질	품명	
제5류	자기 반응성 물질	1. 유기과산화물	10킬로그램
		2. 질산에스테르류	10킬로그램
		3. 니트로화합물	200킬로그램
		4. 니트로소화합물	200킬로그램
		5. 아조화합물	200킬로그램
		6. 디아조화합물	200킬로그램
		7. 히드라진 유도체	200킬로그램
		8. 히드록실아민	100킬로그램
		9. 히드록실아민염류	100킬로그램
		10. 그 밖에 행정안전부령으로 정하는 것 11. 제1호 내지 제10호의 1에 해당하는 어느 하나 이상을 함유한 것	10킬로그램, 100킬로그램 또는 200킬로그램
제6류	산화성 액체	1. 과염소산	300킬로그램
		2. 과산화수소	300킬로그램
		3. 질산	300킬로그램
		4. 그 밖에 행정안전부령으로 정하는 것	300킬로그램
		5. 제1호 내지 제4호의 1에 해당하는 어느 하나 이상을 함유한 것	300킬로그램

(2) 혼재 가능 위험물

제1류	제2류	제3류
제6류	제4류, 제5류	제4류
제4류	**제5류**	**제6류**
제2류, 제3류, 제5류	제2류, 제4류	제1류

3. 제1류 위험물

구분	종류
아염소산염류	아염소산나트륨($NaClO_2$), 아염소산칼륨($KClO_2$) 등
염소산염류	염소산나트륨($NaClO_3$), 염소산칼륨($KClO_3$), 염소산암모늄(NH4ClO_3) 등
과염소산염류	과염소산나트륨($NaClO_4$), 과염소산칼륨($KClO_4$) 등
무기과산화물	과산화나트륨(Na_2O_2), 과산화칼륨(K_2O_2), 과산화리튬(Li_2O_2), 과산화마그네슘(MgO_2), 과산화칼슘(CaO_2), 과산화바륨(BaO_2) 등
브롬산염류	브롬산나트륨($NaBrO_3$), 브롬산칼륨($KBrO_3$) 등
질산염류	질산나트륨($NaNO_3$), 질산칼륨(=초석, KNO_3), 질산암모늄(NH_4NO_3) 등
요오드산염류	요오드산칼륨(KIO_3), 요오드산칼슘($Ca(IO_3)_2 \cdot 6H_2O$) 등
과망간산염류	과망간산나트륨($NaMnO_4 \cdot 3H_2O$), 과망간산칼륨($KMnO_4$) 등
중크롬산염류	중크롬산나트륨($Na_2Cr_2O_7 \cdot 2H_2O$), 중크롬산칼륨($K_2Cr_2O_7$) 등

4. 제2류 위험물

구분	특징		
황화린	삼황화린(P_4S_3)	$P_4S_3+8O_2 \rightarrow 3SO_2+2P_2O_5$	불용성
	오황화린(P_2S_5)	$2P_2S_5+15O_2 \rightarrow 10SO_2+2P_2O_5$	조해성
	칠황화린(P_4S_7)	$P_4S_7+12O_2 \rightarrow 7SO_2+2P_2O_5$	조해성
적린	연소반응식 : $4P+5O_2 \rightarrow 2P_2O_5$		
유황	연소반응식 : $S+O_2 \rightarrow SO_2$		
철분	철의 분말로서 53마이크로미터의 표준체를 통과하는 것이 50중량퍼센트 미만인 것은 제외		
금속분	알루미늄분(Al), 아연분(Zn) 등		
마그네슘	할로겐 원소와 반응	$Mg+Br_2 \rightarrow MgBr_2$	
	황산과 반응	$Mg+H_2SO_4 \rightarrow MgSO_4+H_2\uparrow$	
	가열 시 연소	$2Mg+O_2 \rightarrow 2MgO$	
인화성고체	고형알코올 그 밖에 1기압에서 인화점이 섭씨 40도 미만인 고체		

5. 제3류 위험물

구분	특징
칼륨 나트륨	공기 중의 수분, 알코올과 반응하여 수소를 발생하여 자연발화를 일으키기 쉬움 → 등유, 경유, 유동파라핀, 벤젠 등에 저장
알킬알루미늄	• 트리메틸알루미늄+물 → 메탄(CH_4) 발생 • 트리에틸알루미늄+물(또는 에탄올) → 에탄(C_2H_6) 발생
알킬리튬	물과 반응하여 가연성의 수소 발생
황린	• 연소반응식 : $P_4+5O_2 \rightarrow 2P_2O_5$(유독성 가스) • pH9 정도의 물속에 저장 → 유독성, 가연성의 포스핀(PH_3) 발생 방지
알칼리금속(칼륨 및 나트륨을 제외) 및 알칼리토금속	물과 반응하여 가연성의 수소 발생
유기금속화합물(알킬알루미늄 및 알킬리튬을 제외)	디에틸텔루륨, 디메틸아연, 사에틸납 등
금속의 수소화물	수소화리튬(LiH), 수소화나트륨(NaH), 수소화칼슘(CaH_2) 등
금속의 인화물	• 인화알루미늄(AlP), 인화칼슘(Ca_3P_2) 등 • 물과 반응하여 유독성, 가연성의 포스핀(PH_3) 발생
칼슘 또는 알루미늄의 탄화물	탄화칼슘(CaC_2): $CaC_2+2H_2O \rightarrow Ca(OH)_2+C_2H_2\uparrow$ 탄화알루미늄(Al_4C_3): $Al_4C_3+12H_2O \rightarrow 4Al(OH)_3+3CH_4\uparrow$ 금속(Cu, Ag, Hg): 발생한 아세틸렌가스(C_2H_2)는 금속과 반응하여 폭발성 화합물인 금속아세틸라이드를 생성

6. 제4류 위험물

(1) 특수인화물(지정수량 : 50L)

구분	인화점	착화점(발화점)	저장 및 취급방법
디에틸에테르 ($C_2H_5OC_2H_5$)	−45℃	160℃	정전기 방지를 위해 $CaCl_2$를 넣어줌
이황화탄소 (CS_2)	−30℃	90℃	가연성 증기의 발생 방지를 위해 물속에 보관(물에 불용, 물보다 무거움)
아세트알데히드 (CH_3CHO)	−38℃	185℃	구리, 은, 수은, 마그네슘 또는 이러한 합금을 용기로 사용하면 안 됨 → 폭발성 물질 발생함
산화프로필렌 (CH_3CHOCH_3)	−37℃	430℃	

(2) 제1석유류

구분	인화점	착화점(발화점)	지정수량
아세톤 (CH_3COCH_3)	−18℃	465℃	400L
가솔린(휘발유) (C_5H_{12}~C_9H_{20})	−43~−20℃	300℃ 이상	200L
벤젠 (C_6H_6)	−11℃	498℃	200L
톨루엔 ($C_6H_5CH_3$)	4℃	480℃	200L
메틸에틸케톤 ($CH_3COC_2H_5$)	−9℃	505℃	200L
피리딘 (C_5H_5N)	20℃	482℃	400L
초산메틸 (CH_3COOCH_3)	−13℃	505℃	200L
포름산메틸 ($HCOOCH_3$)	−19℃	449℃	400L

(3) 알코올류(지정수량 : 400L)

구분	인화점	착화점(발화점)	특징
메틸알코올(메탄올) (CH_3OH)	11℃	440℃	물, 에테르에 잘 녹으며 산화되어 포름알데히드를 거쳐 포름산이 됨
에틸알코올(에탄올) (C_2H_5OH)	13℃	400℃	휘발성 액체이며 수용성임

(4) 제2석유류

구분	인화점	착화점(발화점)	지정수량
등유	40~70℃	210℃	1,000L
경유	50~70℃	200℃	1,000L
아세트산(초산) (CH_3COOH)	39℃	463℃	2,000L
스틸렌 ($C_6H_5CH=CH_2$)	31℃	490℃	1,000L
클로로벤젠 (C_6H_5Cl)	27℃	590℃	1,000L
크실렌(자일렌) ($C_6H_4(CH_3)_2$)	25~30℃	464~528℃	1,000L

(5) 제3석유류

구분	인화점	착화점(발화점)	지정수량
중유	직류중유 60~150℃ 분해중유 70~150℃	직류중유 254~405℃ 분해중유 380℃	2,000L
아닐린 ($C_6H_5NH_2$)	70℃	615℃	2,000L
니트로벤젠 ($C_6H_5NO_2$)	88℃	480℃	2,000L
에틸렌글리콜 ($C_2H_4(OH)_2$)	111℃	398℃	4,000L
글리세린(글리세롤) ($C_3H_5(OH)_3$)	160℃	393℃	4,000L

(6) 제4석유류(지정수량 : 6,000L)

기계유, 실린더유, 엔진오일 등의 윤활유 등

(7) 동식물유류(지정수량 : 10,000L)

구분	요오드값	종류
건성유	130 이상	해바라기기름, 동유, 아마인유(아마씨유), 대구유, 정어리유, 상어유, 들기름 등
반건성유	100 이상 130 미만	면실유, 청어유, 채종유, 참기름, 옥수수기름, 콩기름, 쌀겨기름 등
불건성유	100 미만	피마자유, 올리브유, 야자유, 땅콩기름, 고래기름, 소기름, 돼지기름 등

※ 요오드값이 클수록 자연발화의 위험성이 커지며, 특히 건성유는 불포화 결합이 많고 자연발화의 위험성 때문에 섬유류 등에 스며들지 않도록 주의해야 함

7. 제5류 위험물

구분	종류
유기과산화물	과산화벤조일(=벤조일퍼옥사이드, $((C_6H_5CO)_2O_2)$, 메틸에틸케톤퍼옥사이드(MEKPO) 등
질산에스테르류	니트로셀룰로오스($C_6H_7O_2(ONO_2)_3$), 니트로글리세린($C_3H_5(ONO_2)_3$), 질산메틸(CH_3ONO_2), 질산에틸($C_2H_5ONO_2$) 등
니트로화합물 ($-NO_2$기)	트리니트로톨루엔(=TNT, $C_6H_2CH_3(NO_2)_3$), 트리니트로페놀(=피크르산, 피크린산, TNP, $C_6H_2(OH)(NO_2)_3$) 등
니트로소화합물 ($-NO$기)	파라디니트로소벤젠($C_6H_4(NO)_2$), 디니트로소레조르신($C_6H_2(OH)_2(NO)_2$) 등
아조화합물 ($-N=N-$기)	아조벤젠($C_6H_5N=NC_6H_5$), 히드록시아조벤젠($C_6H_5N=NC_6H_4OH$) 등
디아조화합물 ($-N\equiv N$기)	디아조메탄(CH_2N_2), 디아조디니트로페놀(DDNP) 등
히드라진 유도체	페닐히드라진($C_6H_5NHNH_2$), 히드라조벤젠($C_6H_5NHNHC_6H_5$) 등
히드록실아민	히드록실아민(NH_2OH)
히드록실아민염류	황산히드록실아민, 염산히드록실아민 등

부록

8. 제6류 위험물

구분	특징	저장 및 취급방법	소화방법
과염소산 ($HClO_4$)	• 흡습성, 휘발성 강함 • 수용성	• 밀폐용기에 넣어서 보관 • 화기, 직사광선, 가연물과 접촉 금지	다량의 물로 분무주수, 분말소화약제
과산화수소 (H_2O_2)	• 물, 알코올, 에테르에 녹음 • 벤젠, 석유에 녹지 않음	• 용기의 내압상승 방지를 위해 구멍 뚫린 마개 사용 • 분해방지 안정제, 인산, 요산 등을 첨가 • 갈색의 착색병에 보관	다량의 물로 소화, 마른 모래
질산 (HNO_3)	• 불연성 물질, 자연발화 하지 않음 • 자극성, 부식성이 강함	• 갈색병에 보관 • 화기엄금, 직사광선 차단, 물기 접촉 금지, 통풍이 잘 되는 곳에 보관	소량 화재는 다량의 물로 희석소화, 다량의 경우 포나 마른 모래

위험물 안전

1. 탱크의 내용적 계산

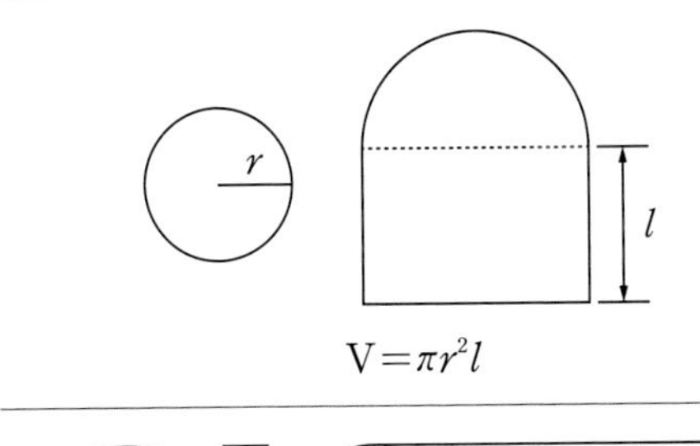

$$V=\pi r^2 l$$

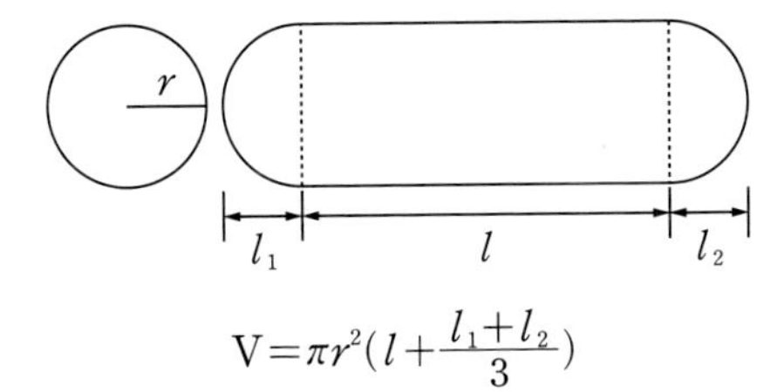

$$V=\pi r^2\left(l+\frac{l_1+l_2}{3}\right)$$

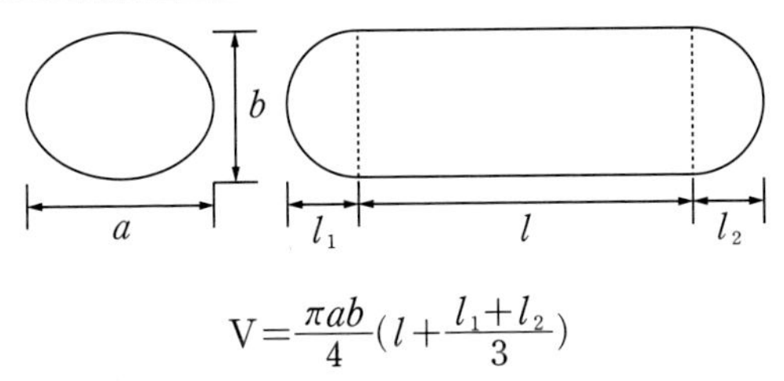

$$V=\frac{\pi ab}{4}\left(l+\frac{l_1+l_2}{3}\right)$$

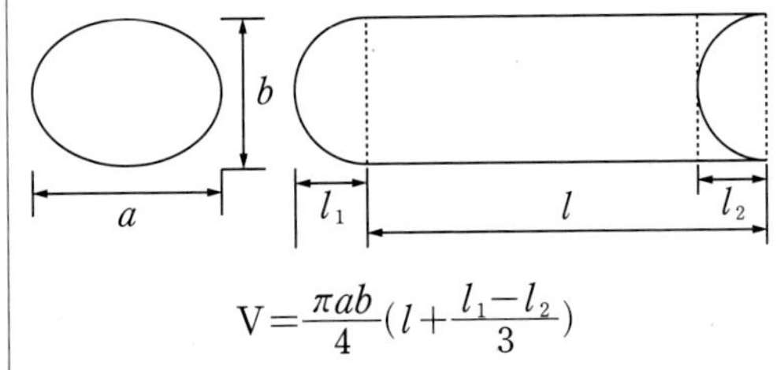

$$V=\frac{\pi ab}{4}\left(l+\frac{l_1-l_2}{3}\right)$$

2. 게시판의 종류 및 색상

종류	바탕색	문자색
위험물제조소등	백색	흑색
위험물운반차량	흑색	황색반사도료
주유중엔진정지	황색	흑색
화기엄금/화기주의	적색	백색
물기엄금	청색	백색

3. 제조소의 안전거리 기준

구분	안전거리
7,000V 초과 35,000V 이하 특고압가공전선	3m 이상
35,000V 초과 특고압가공전선	5m 이상
주택	10m 이상
가스 저장 · 취급 시설 (고압가스, 액화석유가스 또는 도시가스를 저장 또는 취급하는 시설)	20m 이상
학교, 병원, 극장 등 다수인을 수용하는 시설 (학교, 의료기관, 공연장, 영화상영관 및 이와 유사한 시설로서 3백 명 이상을 수용가능한 곳, 복지시설(아동/노인/장애인/한부모가족), 어린이집, 성매매피해자등을위한 지원시설, 정신건강증진시설, 보호시설 및 이와 유사한 시설로서 20명 이상을 수용 가능한 곳)	30m 이상
문화재 (문화재보호법의 규정에 의한 유형문화재와 기념물 중 지정문화재)	50m 이상

4. 옥외탱크저장소의 보유공지 너비

위험물 최대수량	공지 너비
지정수량 500배 이하	3m 이상
지정수량 500배 초과 1,000배 이하	5m 이상
지정수량 1,000배 초과 2,000배 이하	9m 이상
지정수량 2,000배 초과 3,000배 이하	12m 이상
지정수량 3,000배 초과 4,000배 이하	15m 이상
지정수량 4,000배 초과	최대지름과 높이 중 큰 것 (다만, 30m 초과는 30m 이상으로, 15m 미만은 15m 이상으로 함)

5. 자체소방대

사업소 구분	화학소방자동차	자체소방대원 수
3천배 이상 12만배 미만	1대	5인
12만배 이상 24만배 미만	2대	10인
24만배 이상 48만배 미만	3대	15인
48만배 이상	4대	20인

소화설비의 기준(위험물안전관리법 시행규칙 별표17)

1. 소화난이도등급 Ⅰ의 제조소등에 설치하여야 하는 소화설비

<table>
<tr><th colspan="3">제조소등의 구분</th><th>소화설비</th></tr>
<tr><td colspan="3">제조소 및 일반취급소</td><td>옥내소화전설비, 옥외소화전설비, 스프링클러설비 또는 물분무등소화설비(화재발생시 연기가 충만할 우려가 있는 장소에는 스프링클러설비 또는 이동식 외의 물분무등소화설비에 한한다)</td></tr>
<tr><td colspan="3">주유취급소</td><td>스프링클러설비(건축물에 한정한다), 소형수동식소화기등(능력단위의 수치가 건축물 그 밖의 공작물 및 위험물의 소요단위의 수치에 이르도록 설치할 것)</td></tr>
<tr><td rowspan="2">옥내
저장소</td><td colspan="2">처마높이가 6m 이상인 단층건물 또는 다른 용도의 부분이 있는 건축물에 설치한 옥내저장소</td><td>스프링클러설비 또는 이동식 외의 물분무등소화설비</td></tr>
<tr><td colspan="2">그 밖의 것</td><td>옥외소화전설비, 스프링클러설비, 이동식 외의 물분무등소화설비 또는 이동식 포소화설비(포소화전을 옥외에 설치하는 것에 한한다)</td></tr>
<tr><td rowspan="5">옥외
탱크
저장소</td><td rowspan="3">지중탱크
또는
해상탱크
외의 것</td><td>유황만을 저장취급하는 것</td><td>물분무소화설비</td></tr>
<tr><td>인화점 70℃ 이상의 제4류 위험물만을 저장취급하는 것</td><td>물분부소화설비 또는 고정식 포소화설비</td></tr>
<tr><td>그 밖의 것</td><td>고정식 포소화설비(포소화설비가 적응성이 없는 경우에는 분말소화설비)</td></tr>
<tr><td colspan="2">지중탱크</td><td>고정식 포소화설비, 이동식 이외의 불활성가스소화설비 또는 이동식 이외의 할로겐화합물소화설비</td></tr>
<tr><td colspan="2">해상탱크</td><td>고정식 포소화설비, 물분무소화설비, 이동식이외의 불활성가스소화설비 또는 이동식 이외의 할로겐화합물소화설비</td></tr>
</table>

제조소등의 구분		소화설비
옥내 탱크 저장소	유황만을 저장취급하는 것	물분무소화설비
	인화점 70℃ 이상의 제4류 위험물만을 저장취급하는 것	물분무소화설비, 고정식 포소화설비, 이동식 이외의 불활성가스소화설비, 이동식 이외의 할로겐화합물소화설비 또는 이동식 이외의 분말소화설비
	그 밖의 것	고정식 포소화설비, 이동식 이외의 불활성가스소화설비, 이동식 이외의 할로겐화합물소화설비 또는 이동식 이외의 분말소화설비
옥외저장소 및 이송취급소		옥내소화전설비, 옥외소화전설비, 스프링클러설비 또는 물분무등소화설비(화재발생시 연기가 충만할 우려가 있는 장소에는 스프링클러설비 또는 이동식 이외의 물분무등소화설비에 한한다)
암반 탱크 저장소	유황만을 저장취급하는 것	물분무소화설비
	인화점 70℃ 이상의 제4류 위험물만을 저장취급하는 것	물분부소화설비 또는 고정식 포소화설비
	그 밖의 것	고정식 포소화설비(포소화설비가 적응성이 없는 경우에는 분말소화설비)

2. 소화난이도등급 II 의 제조소등에 설치하여야 하는 소화설비

제조소등의 구분	소화설비
제조소	방사능력범위 내에 당해 건축물, 그 밖의 공작물 및 위험물이 포함되도록 대형수동식소화기를 설치하고, 당해 위험물의 소요단위의 1/5 이상에 해당되는 능력단위의 소형수동식소화기등을 설치할 것
옥내저장소	
옥외저장소	
주유취급소	
판매취급소	
일반취급소	
옥외탱크저장소	대형수동식소화기 및 소형수동식소화기등을 각각 1개 이상 설치할 것
옥내탱크저장소	

3. 소화난이도등급 Ⅲ의 제조소등에 설치하여야 하는 소화설비

제조소등의 구분	소화설비	설치기준	
지하탱크저장소	소형수동식소화기등	능력단위의 수치가 3 이상	2개 이상
이동탱크저장소	자동차용소화기	무상의 강화액 8L 이상	
		이산화탄소 3.2킬로그램 이상	
		일브롬화일염화이플루오르화메탄(CF_2ClBr) 2L 이상	
		일브롬화삼플루오르화메탄(CF_3Br) 2L 이상	
		이브롬화사플루오르화에탄($C_2F_4Br_2$) 1L 이상	
		소화분말 3.3킬로그램 이상	
	마른 모래 및 팽창질석 또는 팽창진주암	마른모래 150L 이상	
		팽창질석 또는 팽창진주암 640L 이상	
그 밖의 제조소등	소형수동식소화기등	능력단위의 수치가 건축물 그 밖의 공작물및 위험물의 소요단위의 수치에 이르도록 설치할 것. 다만, 옥내소화전설비, 옥외소화전설비, 스프링클러설비, 물분무등소화설비 또는 대형수동식소화기를 설치한 경우에는 당해 소화설비의 방사능력범위내의 부분에 대하여는 수동식소화기등을 그 능력단위의 수치가 당해 소요단위의 수치의 1/5이상이 되도록 하는 것으로 족함	

4. 소화설비의 적용성

소화설비의 구분 \ 대상물 구분			건축물 · 그 밖의 공작물	전기설비	제1류 위험물		제2류 위험물			제3류 위험물		제4류 위험물	제5류 위험물	제6류 위험물
					알칼리금속과산화물 등	그 밖의 것	철분 · 금속분 · 마그네슘 등	인화성고체	그 밖의 것	금수성물품	그 밖의 것			
옥내소화전 또는 옥외소화전설비			○			○		○	○		○		○	○
스프링클러설비			○			○		○	○		○	△	○	○
물분무등소화설비	물분무소화설비		○	○		○		○	○		○	○	○	○
물분무등소화설비	포소화설비		○			○		○	○		○	○	○	○
물분무등소화설비	불활성가스소화설비			○				○				○		
물분무등소화설비	할로겐화합물소화설비			○				○				○		
물분무등소화설비	분말소화설비	인산염류등	○	○		○		○	○			○		○
물분무등소화설비	분말소화설비	탄산수소염류등		○	○		○	○		○		○		
물분무등소화설비	분말소화설비	그 밖의 것			○		○			○				
대형 · 소형 수동식 소화기	봉상수(棒狀水)소화기		○			○		○	○		○		○	○
대형 · 소형 수동식 소화기	무상수(霧狀水)소화기		○	○		○		○	○		○		○	○
대형 · 소형 수동식 소화기	봉상강화액소화기		○			○		○	○		○		○	○
대형 · 소형 수동식 소화기	무상강화액소화기		○	○		○		○	○		○	○	○	○
대형 · 소형 수동식 소화기	포소화기		○			○		○	○		○	○	○	○
대형 · 소형 수동식 소화기	이산화탄소소화기			○				○				○		△
대형 · 소형 수동식 소화기	할로겐화합물소화기			○				○				○		
대형 · 소형 수동식 소화기	분말소화기	인산염류소화기	○	○		○		○	○			○		○
대형 · 소형 수동식 소화기	분말소화기	탄산수소염류소화기		○	○		○	○		○		○		
대형 · 소형 수동식 소화기	분말소화기	그 밖의 것			○		○			○				
기타	물통 또는 수조		○			○		○	○		○		○	○
기타	건조사				○	○	○	○	○	○	○	○	○	○
기타	팽창질석 또는 팽창진주암				○	○	○	○	○	○	○	○	○	○